电的故事

增订版　夏国祥　编著

人民邮电出版社

北　京

图书在版编目（CIP）数据

电的故事 / 夏国祥编著. — 2版（增订本）. — 北京：人民邮电出版社，2023.1
ISBN 978-7-115-60056-1

Ⅰ. ①电… Ⅱ. ①夏… Ⅲ. ①电—普及读物 Ⅳ.
①O441.1-49

中国版本图书馆CIP数据核字(2022)第172169号

内 容 提 要

本书的主角是"电老虎"——一个能力强大、脾气暴躁、非常不好控制的"猛兽"！

本书从古人对摩擦起电的认识说起，以在历史上曾经产生过重大影响的科学家（如富兰克林、爱因斯坦、戴维、贝尔、爱迪生、法拉第、麦克斯韦、赫兹、库珀等）及其重要的发明贡献为脉络，结合他们的生平，讲述人类认识电和利用电的有趣历史。比如，人类是怎样从摩擦起电现象中发现电的存在的，电鳗可令其他动物丧命的神秘力量到底是什么，富兰克林是如何用风筝收集闪电的，科学家是怎样改良发电机的，爱迪生又是怎样把纽约市变成历史上第一个用上电的"不夜城"的……

阅读本书，在科学发展的历程中探索，你不仅可以了解有趣的科学知识，还能从一个个小故事中获取很多做人的道理、学习的方法。

◆ 编　著　　夏国祥
　　责任编辑　　王朝辉
　　责任印制　　陈　犇

◆ 人民邮电出版社出版发行　　北京市丰台区成寿寺路 11 号
　　邮编　100164　　电子邮件　315@ptpress.com.cn
　　网址　https://www.ptpress.com.cn
　　廊坊市印艺阁数字科技有限公司印刷

◆ 开本：700×1000　1/16
　　印张：9.5　　　　　　　　　2023 年 1 月第 2 版
　　字数：194 千字　　　　　　 2025 年 4 月河北第 5 次印刷

定价：49.80 元
读者服务热线：(010)81055410　印装质量热线：(010)81055316
反盗版热线：(010)81055315

电改变了世界

宙斯

电可能是今天人类最依赖的东西了。闪电是人类所见过的最壮观的电现象之一。在希腊神话中，闪电是众神之王、天空和雷电之神宙斯的武器。

电驱除了长夜的黑暗，让我们可以在宽敞明亮的房间里工作、学习、生活。

电让我们可以通过电话、互联网，跟处在世界不同角落的人们声气相通、形影相随，好像面对面地坐着聊天一样。

电让车辆正常运行，将人们喜欢的东西运往世界各地。

电让计算机像人一样有了"智能"，让它帮我们做工作，陪我们玩游戏。

电能帮人们恢复健康，但电又被称作"电老虎"，使用不当就会伤人。

自从有了电，人类在 20 世纪这一个世纪里所取得的成就超过了以往所有世纪取得的成就的总和。电本身是神奇的，而电走进人类生活的故事也极其奇妙、有趣。

灯火通明的现代大都市

Contents 目录

古人对电的认识

电是一系列与电荷的存在和运动相关的物理现象。自然界中的很多现象都和电有关。根据科学家的推测，原始人使用的最早的火可能来自闪电引发的山火。

很早以前，人类就注意到电这种物理现象。早在公元前2750年，除了天空中的闪电，古埃及人就注意到尼罗河里能发电的鱼类，并称它们是"尼罗河里的雷使者"，认为这类鱼可能是其他鱼类的保护者。

原始人与被闪电引发的山火

那之后大约1000年，发电鱼所具有的发电现象再次被一些古希腊人、古罗马人和阿拉伯人所提及。历史学家老普林尼等一些古罗马人认为，被电鲶或者电鳐电击后人会感到麻木，但不会对身体造成伤害，而且他们还注意到电可以穿过某些物质。后来还有医生开出药方，让痛风或者头疼的病人用摸发电鱼的方法治疗他们的疾病。

老普林尼

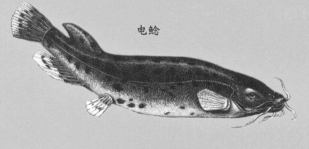

电鲶

电鳐

巴格达电池

科学家设想的古印度"电池"结构

在一本年代约为公元前1000年的印度古书《投山仙人集》中，描述了一种按现代观念理解应该是电池的东西，并且提到可以用这种东西把水变成气体。这当然很容易让人联想到电解水这个实验。

1936年，在伊拉克巴格达城的一处古墓中，考古学家发现了一种后来被称为"巴格达电池"的装置。这种物品的外壳是一个陶罐，内部装有沥青，沥青中埋着铜套筒和铁棒。制造年代约为距今2000年前的帕提亚帝国时代。一些科学家认为，这是古代的一种电池。

"巴格达电池"和古印度"电池"的存在，意味着古代人对电的知识有一定了解。

在距今3000多年前的我国殷墟甲骨文中，就已经有"雷"字和"电"字。东汉学者王充认为"云雨至则雷电击"，闪电能烧焦人的头发、皮肤、草木等，所以闪电的本

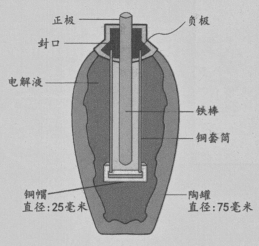

巴格达电池的结构

质是火。他还记录了玳瑁贝壳吸附草屑的现象，认为静电放电时产生的闪光是一种奇异的火光。西晋人张华曾注意到，用梳子梳头发时，以及脱丝绸或毛制衣服时，会出现摩擦起电的现象。

泰勒斯研究摩擦起电

人类最早开始深入思考电这种物理现象，可能是从古希腊哲学家泰勒斯开始的。

泰勒斯于约公元前 624 年出生于古希腊的米利都（今属土耳其）。他最广为人知的故事是根据气候的变化投资橄榄油行业并赚了大钱。

泰勒斯

泰勒斯预言橄榄的丰收

有一年冬天，泰勒斯在工作时，看到工具桌上有一块黄色的琥珀上落了尘土。他就拿起琥珀，用自己的外套把琥珀擦干净后，重新放回桌子上。

然而，就在一瞬间，一件神奇的事情发生了：乱糟糟的工具桌上有一些残留的木屑，忽然像长了脚一样动了起来，被某种神秘的力量所吸引，粘在了琥珀上面。

为了确认自己不是产生了幻觉，他再次用外套擦了擦琥珀，然后用琥珀靠近碎木屑。这一回可能是因为泰勒斯擦得比较用力，一些木屑被更迅速地吸到了琥珀上面。

泰勒斯摆弄着粘有木屑的琥珀，陷入了沉思。他很想知道琥珀是不是也能吸引其他东西。通过实验，泰勒斯发现琥珀确实能做到这一点，但必须在摩擦过以后。

琥珀经摩擦后能吸引木屑、羽毛等物体这件事，吸引了泰勒斯

这个发现让泰勒斯兴奋不已。他想起了克里特岛牧羊人马格努斯的传奇经历。有一次马格努斯在伊得山上放羊，忽然发现自己无法移动脚步了。到底是怎么回事儿？仔细研究了一番，他发现原因出在他的鞋上。他的鞋上布满了铁钉，被山上的岩石吸住了。当然我们现在都知道，这种岩石其实是天然的磁铁矿。

牧羊人马格努斯在山上放羊

磁铁矿有种很奇特的特性，就是能吸引铁。相信大家都玩过磁铁，磁铁可以吸引任何铁制的东西。磁铁矿就是天然的磁铁，分布在世界上的很多地方，它跟人造的磁铁一样能吸引铁。

泰勒斯对牧羊人马格努斯的故事十分清楚，他知道磁铁矿天然地能吸引铁，但为什么琥珀在被摩擦后而且只有在被摩擦后才能吸引东西呢？磁铁矿吸引铁和琥珀摩擦后吸引物体，这两种现象之间究竟有什么关系呢？泰勒斯百思不得其解。

泰勒斯后来提出了一个假说：琥珀经摩擦后吸引物体的力和磁铁矿吸引铁的力是相同的，将它们都称为"磁力"。

泰勒斯的发现可能是人类对于静电和磁力的最早的观察。限于当时的条件，他没办法研究出电和磁力到底是什么。他的

磁铁能够吸引铁的原因是磁铁能让铁发生磁化，产生磁场，然后与磁铁的磁场相互吸引

发现为后来的科学家打下了基础。在英文中，"电"这个词写作"electricity"，是从古希腊文"elektron"（琥珀）派生来的；磁铁写作"magnet"，则是从牧羊人马格努斯的名字"Magnus"派生来的。另外还有一个说法，认为"magnet"这个词源于古代安纳托利亚（今土耳其境内）的城市"Magnesia"（马格尼西亚）。这个城市附近的山中有很多天然磁铁矿。"magnet"的本意是"来自马格尼西亚的（石头）"。

御医发明"验电器"

吉尔伯特

许多个世纪过去了，其间很多科学家想解开泰勒斯提出的磁力之谜，但都没有成功。直到 16 世纪，这个谜才最终被威廉·吉尔伯特爵士解开。

吉尔伯特是英国女王伊丽莎白一世的御医，业余时间喜欢研究科学。

吉尔伯特发现，不仅是琥珀，其他很多东西，像硫黄、玻璃、石蜡在摩擦后，都能吸引别的东西。可也有很多东西，不管怎么摩擦也不会产生吸引现象。

他第一个极其敏锐地指出磁铁矿的吸引力和受到摩擦的琥珀的吸引力并不一样。吉尔伯特把琥珀这种能吸引物体的能力叫作"电力"，这是因为在古希腊语中，琥珀被称为"elektron"。电的本意竟然是"琥珀力"！

为了研究电，吉尔伯特设计了一个叫作"验电器"的仪器。这个仪器很简单，主要的检测部分是一根干稻草。使用验电器时，用皮毛或

吉尔伯特医生为英国女王伊丽莎白一世和她的宫廷人员做科学实验展示

者亚麻布摩擦不同的物体，然后将物体挨个放在干稻草前面，根据干稻草被吸引的摆动程度，来确定物体摩擦起电的能力。

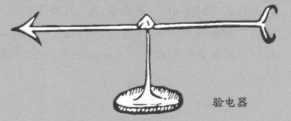

验电器

"疯"市长发明手摇发电机

自吉尔伯特医生之后，在研究电方面最先做出杰出贡献的人是奥托·冯·格里克。

17世纪时奥托担任过马格德堡的市长！他不仅是一个很有能力的领导，对科学研究也深感兴趣，总是尽量找时间进行科学研究。

有一天，奥托市长宣布他发明了一种装置，可以制造真空环境！马格德堡市民立即毫不犹豫地断定市长已经彻底神经错乱了。

马格德堡城俯瞰图

奥托市长本人不怎么在乎这些闲言碎语，依旧我行我素，但是他很快就成了德国人街头巷尾议论的话题。

"流言蜚语"最后传到了神圣罗马帝国"最高领导人"斐迪南三世的耳朵里。皇帝决定访问马格德堡，看看这个传说中的"疯子"市长是不是真像人们所说的那样。

皇帝写了一封信给市长，说自己要访问马格德堡，意思是听说你发明了可以制造真空环境的装置，想去参观一下，如果情况不属实，可就要"收拾"你啦！接到皇帝的来信，奥托市长不禁有些发蒙。

斐迪南三世

皇帝抵达的那天，奥托在一片很大的开阔地上给皇帝一行做展示。市民们也成群结队地过来看热闹。

奥托塑像

最先出场的道具是两个铜制的空心半球，扣在一起就是一个空心球，每个半球的顶点都装了一个金属环。奥托先拿着金属环，将两个半球扣在一起，再分开，给大家演示可以轻易地将这两个半球分开。然后他取出空气泵给大家看。空气泵是一个金属筒，一头有一个长鼻子似的接嘴，另一头有一个巨大的把手。

等大家看明白了，奥托就把空气泵的接嘴接到合拢的空心球上的接嘴上，然后开始抽动空气泵上的手柄。人们注意到，他必须使出越来越大的力气才能抽动手柄。等到手柄最后无法抽动时，奥托停了下来。

用空气泵抽出空心球中的空气

奥托擦了擦脑门上的汗，对皇帝说："陛下，我已经抽光了这个球里的所有空气，现在这个球里面就是真空的。"

奥托继续解释说："当球内有空气时，内外的压力是相等的，所以很容易将两个半球分开。现在，这个球里面已经没有了空气，大气的压力就会将这两个半球紧紧地合拢在一起，使得它们很难被分开。"说着，奥托用双手分别握住空心球上的两个金属环，用力地想分开两个半球。但是这

抽干空气后的半球很难被分开

两个半球结合得非常紧，无法轻易分开。

皇帝从他的座位上站起来，接过奥托手中的空心球，手握金属环努力拉了一阵子，但两个半球仍旧紧紧地结合在一起。

要知道斐迪南三世可是一个非常强壮有力的人，市民们看到这种情况，都惊讶得下巴快要掉到地上了。

马格德堡半球实验

奥托做了一个手势，就见有人把4匹骏马牵了上来，每两匹马被套上一副挽具，拴在一个半球的金属环上，4匹骏马被分成两组背向而立，在马鞭的驱使下朝相反的方向拉两个半球，但两个半球还是无法被分开。

奥托又做了一个手势，又有4匹骏马被牵上来。这一回每组马变成了4匹，空心球仍然严丝合缝。直到最后每组换成了8匹马来牵引，两个半球才"砰"的一声被分开了！

这次演示给皇帝留下了深刻的印象，他确信奥托绝对是一个天才，于是放心地鼓励奥托继续他的研究。

马格德堡半球实验的原理

吉尔伯特医生的书，奥托看了很多遍。

经过大量的实验，奥托发明了一种装置，可以产生相当大的电力。他制造了一个硫黄球，在球的中间凿一个孔，孔中穿上一根连着摇柄的木轴。这样，一只手转动摇柄，可以让硫黄球不停地旋转，另一只手按在球面上，通过手掌与硫黄球的摩擦，硫黄球就会产生电，而且，所产生的电还会积聚在硫黄球上。奥托把用这种仪器产生的电叫作"静电"，将这种仪器命名为"静电发电机"。

奥托正在研究吉尔伯特医生的著作

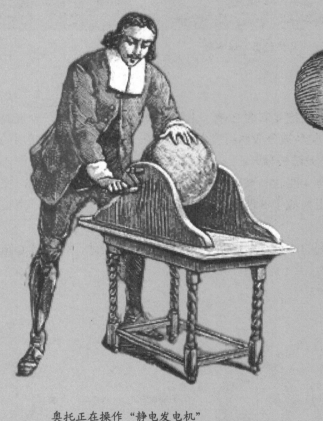

奥托正在操作"静电发电机"

带电的硫黄球可以吸引纸片、木片、金属箔、羽毛等物。

奥托还发现电是可以从一个物体转移到另一个物体的。

他第一个注意到接触过硫黄球的金属条也具有吸引物体的能力。

奥托正在观察带电的硫黄球

霍克斯比发明大功率静电发电机

1703 年，牛顿成为英国皇家学会会长。他希望能够增强英国科学界的活力，就任命了自己的助手霍克斯比为学会的展览策划人、仪器制造商和实验员。霍克斯比本来是一个裁缝，他是怎样华丽转型为牛顿的助手和发明家的呢？现在已经没人知道了。不过想来应该与他的聪明劲儿和博学多才有关。

霍克斯比最开始做的展示是他设计的空气泵，不过，产生的反响不大。霍克斯比就开始研究电。在电学领域，他的重要贡献是发明大功率静电发电机。这种发电机是在德国科学家奥托的发明的基础上做出的，改良后能产生电力更强的静电。

霍克斯比制作的静电发电机

霍克斯比做电学展示实验

粒子
在融合时放射出光线

电荷
在球表面被中和

电荷
穿过有空气的球体到达球壁

金属球
位于充电的等离子球中心

现代人根据霍克斯比的发现制作的等离子球

霍克斯比在他的发电机的玻璃球中放入少量水银，然后抽空玻璃球，在里面造成稀薄的真空，再启动发电机。稍后，当他把手放在玻璃球的外面时，可以在玻璃球中看到蓝色的微弱亮光。这是因为电压使得玻璃球中的空气发生了电离，产生了等离子体。这一发现在当时是史无前例的，是后来空气放电类电灯（比如氖灯、水银灯等）的基础。

格雷发现导体和绝缘体

格雷

英国人斯蒂芬·格雷生活在 17~18 世纪，对科学研究非常感兴趣，但是他挺穷的，拿不出足够的钱买科研所必需的书和仪器。

幸运的是，他有一个叫作格兰维尔·韦利尔的好朋友，这个人十分富有，而且和格雷兴趣相投。他钦佩格雷的才学，于是出资帮助格雷搞科学研究。

在韦利尔的帮助下，格雷在韦利尔家里建了一个研究电的实验室。

一天，在实验室里，格雷拿着一根一头拴着金属线的玻璃棒，金属线通过 4 面墙上的铁钩子，挂在实验室的半空中，另一头引回来，连着一个象牙球。格雷旁边的韦利尔手里托着一块上面放了一片羽毛的木板。

19 世纪的一幅版画，描绘了格雷用玻璃棒做静电实验的场面

格雷一边用亚麻布摩擦玻璃棒，一边对韦利尔说："把羽毛靠近象牙球。"

韦利尔按照格雷说的将羽毛靠近象牙球，但木板上的羽毛纹丝不动。格雷想验证电可以通过金属线传导，但是他们的实验失败了。

格雷和韦利尔在做导电实验

经过不断实验、思考，1729年的一个深夜，格雷在朋友的帮助下，终于完成了通过导线传输电的实验。这是有史以来人类第一次把电从一个物体传送到另一个物体上。

原来，格雷在实验中用的铁钩子也是电的良导体，所以玻璃棒上产生的电还没有传到象牙球上，就被铁钩子传到地上去

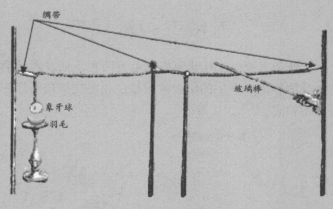

绸带

象牙球

羽毛

玻璃棒

格雷和韦利尔所做导电实验的原理图

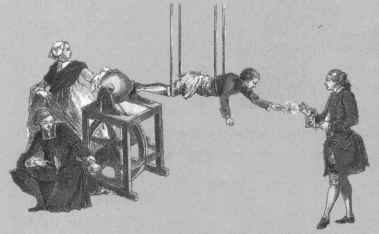

悬空男孩实验。在这个展示实验中，首先，格雷用绸带将一个8岁的男孩从天花板上吊了起来（充当绝缘体，使电荷不会漏到地上）。然后，他用霍克斯比发电机向这个男孩"充电"。接着，格雷把一本书送到男孩的手边，要求男孩在不碰书页的情况下，做出翻书的动作。当男孩伸手翻书时，由于静电的吸引力，离男孩的手最近的书页自动向男孩的手飘去。随后，格雷又喊来另一位志愿者，让他把手伸到男孩的手近前。这个志愿者随即受到了电击。由于当时做实验的房间的光线很暗，观众甚至可以看到男孩手中放射出的火花

了。想到这个，格雷再做实验时，用绸带把铁钩子都包起来，不让金属线和铁钩子直接接触。绸带是电的不良导体，可以防止电从金属线传到铁钩子上，所以玻璃棒上的电就传到了象牙球上。

后来，格雷继续进行他的实验，确认了一些物体是电的良导体，一些物体是电的不良导体。不能通过电的物体，现在一般叫作"绝缘体"。这些绝缘材料，如电线上的塑料或者橡胶外皮，现在一般用来隔绝电的良导体。这些应用都是建立在格雷的发现基础上的。

格雷展示他的发现

琥珀电和玻璃电

法国人夏尔·杜菲观察到电有两种。他发现玻璃棒经由丝绸摩擦所产生的电和琥珀棒经由毛皮摩擦所产生的电并不相同。

杜菲

杜菲研究电的传导

在他的实验里，他将两根摩擦起电后的玻璃棒并排用丝线挂在一起，结果发现玻璃棒互相排斥。这就是所谓的"同性相斥"现象。但如果将一根用丝绸摩擦起电的玻璃棒和一根用毛皮摩擦起电的琥珀棒挂在一起，它们就会彼此吸引。杜菲据此得出结论，玻璃棒所带的电和琥珀棒所带的电是两种不同的电：玻璃电、琥珀电。

不过，这两个名字不怎么通用。再往后，美国人富兰克林将玻璃电命名为"正电"，将琥珀电命名为"负电"，这成为现在流行的叫法。

杜菲版的"悬空男孩实验"

有趣的莱顿瓶

1745—1746 年，荷兰莱顿大学的教授彼得潘·米欣布鲁克做了一个实验，想知道有无可能用装水的长颈瓶保存电。

彼得潘·米森布鲁克

米欣布鲁克尝试用装水的长颈瓶保存电

他做了一个外面包了两层丝绸的铁棒，一头接上导线，通过长颈瓶上的木塞伸进长颈瓶里。他的想法是，铁棒摩擦生电后，电会顺着导线传到水里，而玻璃是绝缘的，水里的电找不到出路，就会被储存起来。

可是当他一手拿着长颈瓶，一手尝试将导线从铁棒上拿下来时，他遭到了猛烈的电击。

他努力研究这种现象的原因，极其偶然地发明了可以用来存储电的电容器。

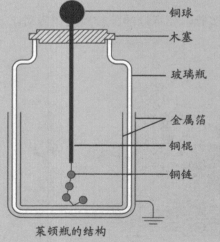

- 铜球
- 木塞
- 玻璃瓶
- 金属箔
- 铜棍
- 铜链

莱顿瓶的结构

这个装置现在被叫作"莱顿瓶"，主要的结构包括一个里面和外面都蒙着金属箔的玻璃瓶，瓶口的木塞上有一根顶带铜球的铜棍穿过，铜棍的末端拴着一段铜链，保持铜链和瓶子内层金属箔接触。

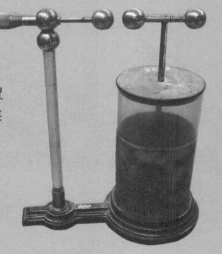

一款老旧莱顿瓶

　　莱顿瓶在当时被当成有趣的小玩具而风靡一时，很多人用莱顿瓶电别人，吓人取乐。电这个新奇的东西最先吸引了魔术师们的注意，他们携带着发电机和莱顿瓶周游各地卖艺。表演的内容有许多种，有时很简单，就是让观众用手分别碰莱顿瓶的外壳和铜棍，体验一下被电击的"奇妙"感觉。还有魔术师用莱顿瓶放出的电点燃火药、放炮，让观众们又是害怕又是好奇。

魔术师请观众体验被电击的感觉

　　在生物课上，很多人都做过电击青蛙腿标本的实验，死青蛙的腿神经受刺激后，肌肉还会有力地一下一下地收缩。

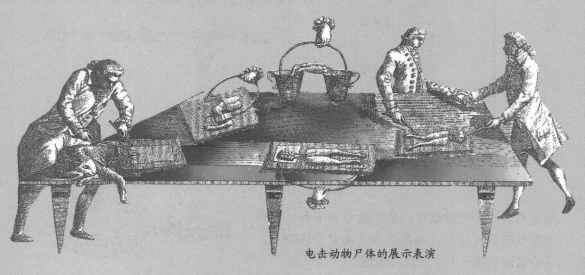

电击动物尸体的展示表演

克莱尔

法国教士克里斯托弗·克莱尔曾突发奇想，利用莱顿瓶让人们感受"上帝的力量"。

一个星期天的晚上，16个被召集的工人准时来到教堂的院子里。克莱尔带着一个上面蒙着红布、两边分别连接着一个金属十字架的箱子从教堂里走了出来。他让工人们手拉手站成"C"形，然后走近他们，让两头的两个人一起分别触摸箱子上的十字架。顿时，一股神秘的力量沿着这16个人的手臂、身体穿了过去，将他们震得飞到院子的各个角落。

克莱尔的箱子里面藏着一个莱顿瓶，那两个十字架则分别连着莱顿瓶的两个电极。两头的两个工人触摸十字架的一瞬间，电路被接通，结果工人们就被电得飞了出去。

克莱尔教士进行电击实验

诺莱特

在当时欧美的上层社会，人们还时常玩一种"集体触电"的游戏，利用的也是同样的原理。1748年，另一位法国教士诺莱特在巴黎圣母院外为法国国王路易十五和王室成员做了一次特别的表演。700名修道士手拉手连在一个大莱顿瓶两边，电路一接通，700人被电得同时跳了起来。场面十分震撼。

富兰克林冒死收集闪电

富兰克林

美国人富兰克林是一个多才多艺的人，集政治家、文学家、科学家、发明家于一身。

富兰克林因观看了欧洲科学家的静电实验演示，便对电产生了兴趣。在很长一段时间里，每个星期他都会举办一个小型聚会，为朋友们表演各种有趣的电学实验。

在实验的过程中，富兰克林注意到实验中产生的电火花和闪电有某种相似性，就写了一篇题为《闪电和电的相似性》的论文。为了回敬所遭到的冷嘲热讽，富兰克林决心制造一种装置收集闪电，以证明自己的理论。

富兰克林做了一个大风筝，在一个乌云密布、电闪雷鸣的日子，他亲自把风筝放上天。富兰克林在牵引风筝的细金属线末端拴了一把钥匙，一只手握着系在钥匙上的绸带，以免闪电从自己身体上通过。不过在接下来的很多个雷雨天里，他只是挨了很多雨淋，没有任何闪电从风筝上传下来。

富兰克林收集闪电的场面

硬币上纪念富兰克林风筝取电实验的图案

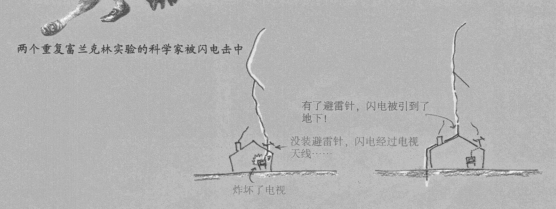

后来，终于有一天，当他又一次绝望地拿着一段导线接近钥匙时，导线尖端和钥匙之间忽然出现了火花。富兰克林兴奋地将钥匙连到一个莱顿瓶上，这样他很快就收集了相当数量的闪电。

这个实验是非常危险的，富兰克林没有被电成焦炭，纯粹是命大。后来有好几个科学家在重复富兰克林的实验时被闪电劈死。

根据这个发现，可以保护建筑物免于雷击的装置——避雷针被发明了出来。避雷针是一根尖头金属棒，安装在建筑物的最高处，金属棒底下的一头通过铁线或者铜线接地。当建筑物遭到雷击的时候，它能够减轻或者避免闪电对建筑物造成损伤，因为闪电被避雷针引到了地下。

两个重复富兰克林实验的科学家被闪电击中

有了避雷针，闪电被引到了地下！

没装避雷针，闪电经过电视天线……

炸坏了电视

富兰克林还指出，自然状态下的每种物体都含有相等数量的正电荷和负电荷，因为互相中和，所以不会表现出带电性。

兼做风向标的老式箭形避雷针

一款新式现代避雷针

加尔瓦尼提出生物电概念

路易吉·加尔瓦尼医生是意大利博洛尼亚人。他在物理学和解剖学方面都有研究。

加尔瓦尼

有一天他解剖了一只青蛙，将青蛙剥皮后用铜钩子挂在铁栏杆上晾干。吊着青蛙的铜钩子随着微风轻摆。伽伐尼注意到，当死青蛙的腿摇摆着碰到下面的另一根铁栏杆时，竟然会发生收缩现象。加尔瓦尼认真观察了好一阵子这种现象，得出结论，认为是电造成了青蛙腿的伸缩。

他知道电鳐能用电击杀死猎物，或使猎物丧失行动能力，或用电击进行防卫。渔夫们都知道，在抓这种鱼时会受到强烈的电击。

根据这些情况，加尔瓦尼得出结论，认为生物体内存在一种生物电。青蛙腿在青蛙死后还会在碰到铁栏杆时产生收缩现象，就是青蛙体内生物电作用的结果。类似的实验还有电击狗的尸体实验。

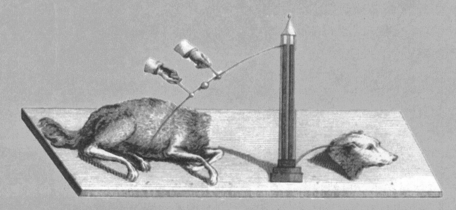

电击狗的尸体的实验

加尔瓦尼对以上青蛙腿实验的看法到现在已经被科学家们所放弃，但是他的发现为后来的很多科学研究铺平了道路，最终促使了"电荷"这一概念的产生。

电击青蛙的尸体的实验

库仑定律：第一个定量电学定律

普里斯特利

罗比逊

早在 18 世纪早期，就有科学家推测电荷之间的作用力的大小，就像引力一样，和距离远近是有关系的。1766 年，英国化学家普里斯特利收到好友富兰克林的一封来信，信中提及：将软木塞球放进带电金属杯内部后，软木塞球似乎并不会受到吸引力的作用。为检验这个发现，普里斯特利也做了一个实验。他发现，带电空心金属容器的内部表面是没有电荷的，也测不出静电力。他在后来推测，电荷之间的相互作用力的量值，具有类似于万有引力公式的平方反比形式。

1769 年，苏格兰物理学家罗比逊发现，两个带电球体之间的作用力与它们之间距离的 2.06 次方成反比。

卡文迪许

18 世纪 70 年代早期，英国物理学家卡文迪许已经发现，带电体之间的作用力依赖于带电量与距离，静电力与距离的 $2 \pm \dfrac{1}{21600}$ 次方成反比。

库仑

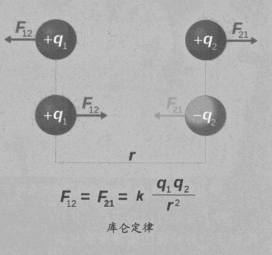

$$F_{12} = F_{21} = k\,\frac{q_1 q_2}{r^2}$$

库仑定律

库仑定律是由法国物理学家、工程师库仑在 1785 年确立的。在研究验证普里斯特利提出的电荷排斥现象的过程中，他设计并制作了一种灵敏的装置，可以测量出电荷作用力的大小。库仑定律是电学发展史上的第一个定量规律，是电学发展史上的一块重要里程碑。从此，电学的研究从定性阶段进入定量阶段。

伏打教授发明电池

亚历山德罗·伏打伯爵是意大利帕维亚大学的一名物理学教授。

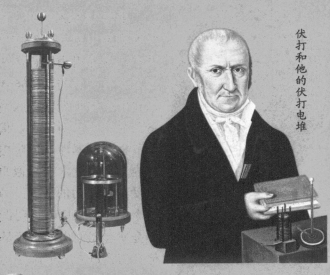

伏打和他的伏打电堆

伏打注意到，在加尔瓦尼的实验中，剥皮青蛙是用铜钩子挂在铁栏杆上的，而当用铁钩子把剥皮青蛙挂在铁栏杆上，青蛙腿碰到铁栏杆时，就不会产生收缩现象。这说明这种现象依赖两种不同的金属作为媒介。为什么这两种不同的金属放在一起，就会造成这种现象呢？

伏打认为，造成剥皮青蛙腿收缩的并不是生物电，而是化学反应。铜和铁这两种材料在适当的溶液作用下，会发生化学反应，所以才造成了这种现象。青蛙身体上的水帮助两种材料发生了某种反应，产生了使青蛙腿收缩的电流。

伏打和加尔瓦尼为各自的观点展开争论

为了证明自己的观点，伏打配制了一种特殊的溶液来取代剥皮青蛙的身体，用于发电。他所做的这个实验造就了人类第一个电池。

伏打的电池很简单，由放在纸片或布头上的、用硫酸蘸湿的锌片和铜片组成，当用导线连通铜片和锌片时，导线上就会通过电流。

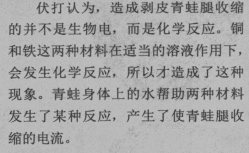

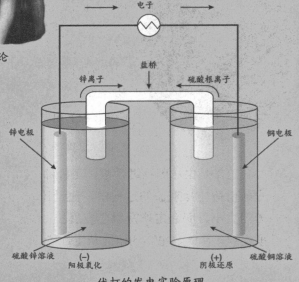

伏打的发电实验原理

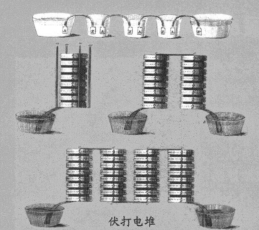

为了得到更强大的电流，伏打继续改进他的发明。他制作了一个由锌片和铜片交错构成的圆盘，每对锌片和铜片做成一组，中间用吸墨水纸隔开，浸在硫酸里，所有的铜片和锌片都经由导线分别连接到一个节点上，当两个节点连接起来时，电路中就会有更强大的电流通过。这种用多组金属盘构成的电池被称为"伏打电堆"。

伏打还发明了一种将锌棒和铜棒浸入硫酸溶液中做成的电池，称为"伏打电池"。

伏打电堆

他的发明开启了电力科学的新时代。在伏打关于他的研究的图书出版后，电池成了科学实验室里必不可少的一种设备。一些科学家在他的发明的基础上，制造出更多种类的电池。还有一些科学家利用电池做出了很多伟大的发明，有了很大的发现。

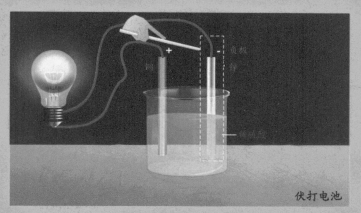

伏打电池

各种干电池

尽管人们后来发明了发电机，但方便携带的电池仍在很多场合被使用着。

为了纪念伏打，人们用他的名字命名了电压的单位伏特。

车用铅酸蓄电池

手机用锂电池

笔记本计算机用镍镉电池

太阳能电池

戴维发明提炼金属的电解术

1800 年，位于伦敦的英国皇家学会制造了一个高性能电池。该项成就得以实现，有赖于皇家学会的创立者本杰明·拉姆福德伯爵的努力。

拉姆福德发现要筹集钱购买科学设备，并不是一件容易的事儿。想来想去，他构思出一个新奇的方法。他知道普通人对于有关电的新发现和发明有很浓厚的兴趣，就考虑利用人们的好奇心筹集资金。人们会不会愿意花钱去听有关电的讲座、观看有关电的"魔术"表演呢？

他制订了一个讲座计划，然后在报纸上做了广告，

拉姆福德

漫画家笔下的空气动力学讲座场面

结果引起了热情的回应。随着时间的推移，越来越多的人来听讲座。但是他也发现一个问题，虽然研究院的科学家的学识已经够渊博的了，但是仍无法满足观众们的强烈好奇心。拉姆福德伯爵就到处留心寻找合适的讲课老师，最后在朋友的介绍下，他找到了汉弗莱·戴维。

19 世纪的英国皇家学会

戴维

戴维当时虽然才 23 岁，但拥有非常渊博的化学知识。他还擅长激发观众对未知事物的兴趣，吸引观众的注意力，让他的讲座生动有趣。

戴维的丰富学识和新颖花样在很长一段时间里十分受欢迎。金钱流水般汇入英国皇家学会。戴维也很快跻身于伦敦的上流社会。

戴维发明的矿工用安全灯

戴维在皇家学会做讲座

不过戴维并不满足于此，他是一个很有天分的科学家，由于为皇家学会做事，他可以利用学会完善的仪器设备进行深入的科学研究。

戴维研究电解水

学会里最吸引他的设备是伏打电池，他用这个大家伙做了好几个实验。当时英国科学家尼科尔森和卡莱尔已经发现电可以把水分解成氢气和氧气。

为了给观众们做科普讲座，戴维没少做用电分解水的实验演示。有一天，当他又一次做这个实验时，他忽然灵机一动：如果水能够被电分解成基本的元素，那么其他物质能否被电分解呢？这是一个跨时代的创造性想法。

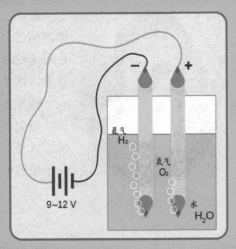

电解水原理图

戴维知道，有一些物质用已知的方法是无法分解的，但是电能否把它们分解呢？

经过多次实验，戴维从金属化合物中分解出了钾、钠、钡、镁、钙、锶、硼等多种元素，成了历史上发现元素最多的人。戴维开启了一个新的时代，从此人类开始利用电的神奇力量改变世界。在电解法发明以前，提炼金属始终是一种艰苦、繁重而且成本高昂的劳动。电使得这一切成为过去。

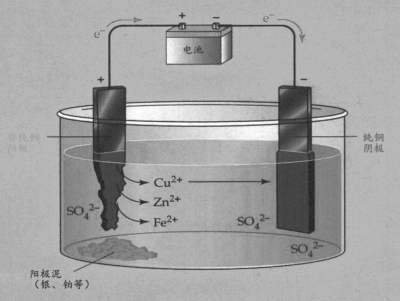

电解法可用于提炼金属和电镀工艺

电解法炼铝

今天我们的身边有很多铝制品，不过一直到 19 世纪，铝仍旧只能小规模地生产，而且生产成本非常高。在 1852 年，生产 1 千克铝的成本高达 1200 美元，铝制品比金银制品还要贵很多。

圣克莱尔·德维尔纪念邮票

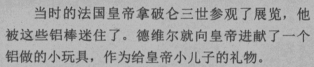

圣克莱尔·德维尔

1855 年，法国化学家圣克莱尔·德维尔发明了一种比传统提炼铝的方法更好、更便宜的方法。

在巴黎的一个展览会上，他给观众展示了很多铝棒，每千克的成本只有 110 美元。

当时的法国皇帝拿破仑三世参观了展览，他被这些铝棒迷住了。德维尔就向皇帝进献了一个铝做的小玩具，作为给皇帝小儿子的礼物。

皇帝随即从化学家那里订购了一批铝质的盘子、刀具、羹匙，在皇家宴会上使用。当时只有最显贵的客人才能使用铝质的餐具，其他人不经允许，只能使用金质或银质的餐具！

拿破仑三世

拿破仑三世的铝质餐具

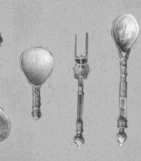

拿破仑三世的铝框镜

皇帝还想用铝制造武器。但是当时铝的生产相对来说还很困难，不能进行量产，人们还没掌握从铝矿中提炼纯铝的工艺。

学生时代的查尔斯·霍尔

不过科学家们很看好这种金属的潜力，很多人在研究怎样才能降低生产铝的成本，首先取得成功的人是查尔斯·霍尔。

查尔斯曾经在美国俄亥俄州的奥伯林学院读书。在校期间，他对化学很感兴趣，花了很多时间待在实验室里做实验。有一天，他的一个老师弗兰克·朱伊特教授在课堂上说："如果一个人能够发明以低廉成本提炼金属铝的方法，那么他就会对人类做出巨大的贡献，并且变成一个富翁。"查尔斯想要成为教授所说的那个人。

弗兰克·朱伊特

位于奥伯林学院的查尔斯·霍尔像

奥伯林学院一角

1880年查尔斯从学校毕业后回到家乡，跟父亲商量自己的科研计划。他的父亲对儿子的天分很有信心，鼓励他尽管放手去干。查尔斯在自己家后院盖了一个做实验的棚子，安装了必要的设备，就开始进行实验。

奥伯林学院内纪念查尔斯·霍尔和弗兰克·朱伊特的纪念牌

经过 9 个月夜以继日的苦干后，查尔斯终于发明了一种简单、便宜、利用电生产铝的方法。

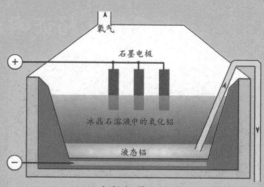

电解铝原理

查尔斯的方法是熔融氧化铝后，通过电流引起氧化铝发生化学分解。氧气从一个电极周围的矿物中释放出去，纯铝则汇聚在另一个电极底下。

有了这种用电解提炼铝的方法，铝的价格开始下降了。查尔斯的成就之一是使得铝不再是富人的专有品，铝制品开始走进千家万户。查尔斯也成了著名的铝业大王。

查尔斯在晚年立下遗嘱把自己财产的 1/3 捐给哈佛大学，还建立了哈佛燕京学社。

今天，不仅铝，还有铜、铅、锌等很多金属都可以使用电解法提炼。

电解过程的另外一项重要应用是电镀，也就是在铁、铜、锡和其他一些容易发生化学反应的金属表面覆盖一层镍、铬、锌、金或银的薄层，防止它们生锈或者被腐蚀。

工业铝锭

霍尔创立的匹兹堡公司的电解铝车间

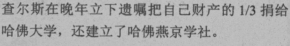

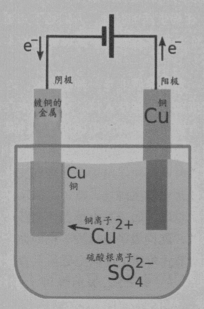

电镀原理（以镀铜为例）

镀金和镀银的艺术品

托马斯·杨证明光以波动形式存在

托马斯·杨是一个博物学家，被称为"最后一个什么都知道的人"。他在视力学、医学、光学、固体力学、能源学、生理学、语言学、音乐学、古埃及学领域都有研究。

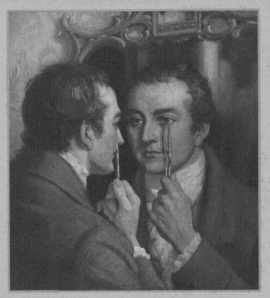

杨在研究自己的眼睛

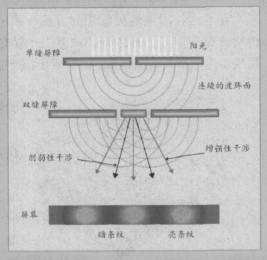

杨氏实验

牛顿曾设想光是以光粒子形式存在的。19世纪初，英国人托马斯·杨用"杨氏实验"证明了光是以波动形式存在的。这一发现到20世纪初，结合爱因斯坦等科学家的学说，发展为光的波粒二象性学说。人们后来进一步意识到，所有粒子都是具有波粒二象性的。在杨生活的时代，人们还不知道光、电、磁之间的关系。杨在光学领域的这一研究，对于后来其他科学家理解电的本质有着重要的意义。

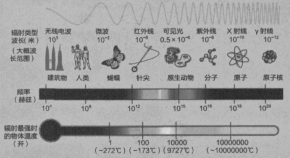

光在本质上是一种电磁波。在绝对零度以上，包括人体、金属、水在内的所有物质都会释放电磁波。原因是什么呢？带电粒子之间相互作用，构成电场。随着时间变化，电场发生强弱变化，这种振荡则产生磁场。然后，磁场又可以产生电场。磁场和电场循环交替产生和扩散，就构成了电磁波。电磁波，又称电磁辐射，它的基本粒子是光子。光子又以波动的形式传播，所以电磁波具有波粒二象性。电磁波主要包括无线电波、微波、红外线、可见光、紫外线、X射线和γ射线等。人眼可接收到的电磁波，波长范围在390~770纳米，就是通常所说的光。

道尔顿发展原子理论

古希腊哲学家德谟克里特是原子论创始人之一。他认为物质是由分到一定程度就不能再分的小颗粒组成，这些小颗粒就是原子。

英国科学家道尔顿进一步发展了原子理论。道尔顿认为，物质都是由原子组成的，而且每种元素都有自己类型的原子，不同种的原子质量是不同的。道尔顿是第一个尝试测定相对原子质量的科学家，他提出用相对比较的办法求取

道尔顿

德谟克里特第一个提出原子理论

各元素的相对原子质量，并发表了第一张相对原子质量表。

虽然道尔顿的原子理论直接针对的并不是电，但的确是另一种对于理解电的本质非常重要的理论。后来，科学家们又进一步发现了原子是由更小的微粒——原子核和电子构成，原子核又由质子和中子构成，质子带正电荷，电子带负电荷，它们互相吸引。电子通常围绕着原子核在一定的轨道上旋转。当电子在一定力量的作用下脱离它的固有轨道时，就会产生电。

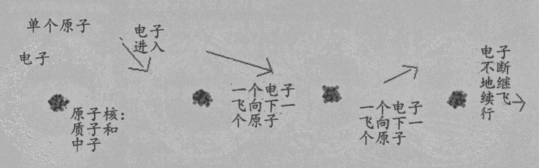

电流的产生

奥斯特发现电磁场

奥斯特

很早以前，就有一些科学家推断电和磁之间可能有一些关系，但并无实际的证据。

1820 年的某一天，在丹麦哥本哈根大学的一间教室里，教授奥斯特正在课堂上给学生们讲解电池的结构和原理。他用一段导线连接了电池的两极，给学生们展示电流是如何通过导线的。

凑巧的是，讲桌上恰好有一个小指南针。忽然，奥斯特注意到指南针的指针竟然不再指北，而指向了东方。他从电池上解下导线，指南针的指针立刻摆动了几下，恢复了指北的原位。奥斯特感到惊讶极了！自己真的看到指南针指向过东方吗？难道电流可以影响指南针的指向？

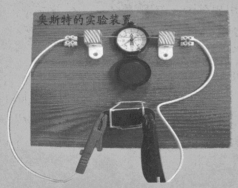
奥斯特的实验装置

奥斯特被一个神秘的现象所吸引

奥斯特忘记了听讲的学生，再次用导线连接了电池两极，然后拿着指南针靠近导线。神奇的一幕再次出现在他的眼前！当电流通过导线时，指针的指针偏离了北方。奥斯特还注意到，当电流的方向改变时，指针就会偏向跟此前相反的方向。

奥斯特的发现迅速地传遍了世界各地。为了纪念奥斯特，最初人们把磁场强度的单位命名为"奥斯特"。

磁场的方向随电流方向变化而变化
电流的方向 I
磁力线的方向 H

在电流磁场的不同位置，指南针指向不同

安培定律的发现

安培

法国物理学家安德烈·马利·安培是一个非常孤僻和忧郁的人。他一生中的大部分时间都生活在童年的阴影里。安培小时候正赶上法国大革命，就在他 14 岁那年的一天晚上，他慈爱的父亲被人从家里拉出去，送上了断头台。

父亲死后，安培成了家里的支柱。靠着去比他更小的孩子们家里教数学，安培赚了一些钱。回家后，他还要继续学习。渐渐地，他在数学、物理学和化学方面表现得十分出色。

20 岁的时候，安培结婚了。不久以后，他进入里昂的一所学校当物理和化学老师。过了几年，他的第一本著作《数学博弈论的思考》出版了。在这本书里，他用数学解释了一个爱赌博的人为什么从长期看一定是一个失败者。他选择的课题显然不会吸引学术界的注意，但是他在书中所采用的证明方法非常有特色。

1804 年，另一个打击向安培袭来——他的妻子去世了，当时安培才 29 岁。

小安培和妈妈去墓地看望爸爸

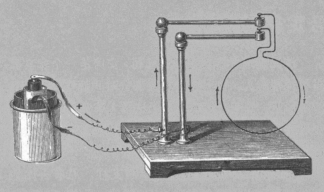

安培制作的实验装置，用于研究电流在磁场中受到的作用

一年以后，安培离开了里昂，来到巴黎的一所学院当教授。在学院期间，安培读到了奥斯特的论文，对电磁产生了兴趣，随即开始自己的研究。很快，安培发现，当电流通过一个导体时，导体所产生的磁力会影响围绕在导体周围的通电导线。换句话说就是，电流的周围会形成一个磁场。

安培还发现，当同一方向的电流通过并排的导线时，导线会互相吸引。如果电流方向相反，导线就会互相排斥。

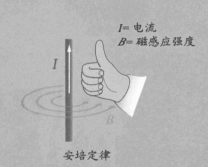

$I=$ 电流
$B=$ 磁感应强度

安培定律

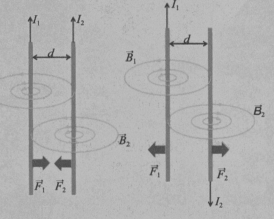

通过同向电流的导线相吸，通过异向电流的导线相斥

安培还推导出一些数学公式和规则，用于计算或推导电流、磁场和电磁力之间的大小与方向关系。

安培还指出磁场的形状是圆形的。这一现象使他作出并证明了一个假设：如果导线能够被弯曲成圆圈，穿过通电圆圈的磁场的磁感应强度就会增加。

安培陷入了沉思

接下来，安培就用盘成一卷的导线制造了一个中心区域磁力非常强大的磁场。在实验中，安培发现当铁棒插入导线盘中间时，会产生可以吸引导线的吸引力。不过当电路被破坏掉或者电流消失时，铁棒就会丧失其磁力。

安培还发现较软的纯铁棒能产生的吸引力最大。而要磁化钢棒，需要更强大的电流，但一旦被磁化后，钢棒可以在导线盘断电后仍旧保持磁力。电流使得钢棒变成了永久磁铁。

发明第一个真正的电磁铁的人是英国科学家斯特金。安培的这一研究，为斯特金的发明奠定了基础。电磁铁比天然磁铁有更强大的吸引力和灵活性。由于电磁铁的发明，电在更广泛的范围内得到了应用。电动机、电铃、电话、电报机、电吹风、收音机……几乎所有的电子设备中都有电磁铁。

安培几乎把自己的所有精力都投入了科学研究。感谢科学，让他忘记了人生的烦恼。为了纪念安培，人们把电流的单位命名为"安培"。

时刻不忘思考的科学家安培

有一次，安培在街上边走边思考，突然想到一个电学算式，急着把式子列出来，就在一辆马车的车厢板上计算。马车走他也走，马车越走越快，直到追不上马车时，他才停下来

这些电子设备中都有电磁铁的"身影"

欧姆发现欧姆定律

欧姆

德国科学家欧姆年轻时是一名中学教师，后来自学成才，成为大学的物理学教授。

1825 年，当时还是中学教师的欧姆，到处求学和向别人请教，最终研究制作了一个能测电流大小的电流计。大概原理是让导线和磁针平行放置，当导线中通过电流时，磁针的偏转角与导线中的电流强度成正比，即代表了电流的大小。

欧姆记录了多组实验结果，研究了电线长度增加时电磁力随之减小的现象，根据实验结果推导出了两者之间的数学关系。不过他的研究结果有点儿误差，结果被人揪住了"小辫子"，当成假内行。

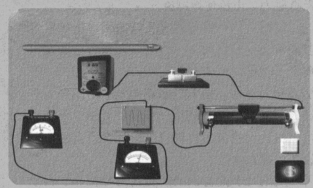

电压推动电流的运动，电阻却想阻止电流的运动

为了证明自己的理论，欧姆更加努力地研究。在 1827 年出版的《直流电路的数学研究》一书中，欧姆完整阐述了他的电学理论，提出了著名的欧姆定律。这本书是电路研究和应用历史上里程碑式的好书，但在当时却受到了冷遇。直到 1841 年，英国皇家学会颁发了科普利奖章，承认他的巨大贡献。

为了纪念欧姆，人们把电阻的单位命名为"欧姆"。

科普利奖章

泽贝克发现热电效应

德国物理学家泽贝克本来学的是医学，可是他却对物理学很感兴趣，喜欢在业余时间做各种实验。1822年，在重做奥斯特做过的一些实验时，他发现，把两种不同金属组成闭合回路，并且让它们的结合点处温度不同，

泽贝克

附近的指南针的指针会发生偏转。泽贝克认为是温差使金属产生了磁场，把这个现象叫作"热磁效应"。

后来，奥斯特重新研究了这个现象，发现金属回路存在电流，这个现象就是"热电效应"。

热电效应的原理是：两种不同金属构成的回路中，如果两种金属的结合点处温度不

泽贝克制作的用于发现热电效应的装置

同，该回路中就会产生一个温差电动势。温差可以产生电压，而且反过来也是成立的。科学家发现，可以利用这个效应来产生电能，测量温度，冷却或加热物体。由于加热或制冷的方向决定于施加的电压，因此热电装置让温度控制变得非常容易。

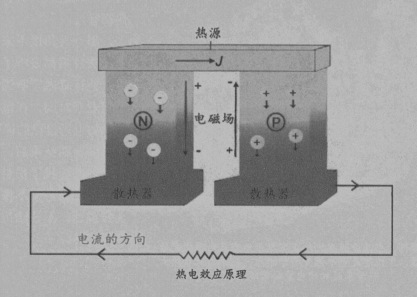

热电效应原理

法拉第发现电磁感应现象

法拉第

伏打电池对于电的研究和应用起了很大作用，但电池的电能有限，在工业领域不能大规模使用。这种情况直到英国物理学家法拉第发现电磁感应现象，才开始发生改变。

法拉第家里很穷，青少年时，他曾在一个书店当装裱封面的学徒。但法拉第对书的内容比对封面更感兴趣，尤其对科学书着迷。

有一天，一个客人来到店里，说自己有一张多余的票，想请老板里比恩一起去听戴维爵士的讲座。"谢谢你，"里比恩说，"不过我对科学一窍不通。"随后他指着法拉第

法拉第在师傅里比恩的指导下画图书封面

说，"带这小子去吧，他喜欢科学。我们店里所有的科学书他都看过。"

那一天和接下来的三个晚上，法拉第都去听了戴维的讲座。他认真做了听课笔记，还利用业余时间，在戴维的讲义旁边加上了自己的评论。

学徒期结束后，法拉第在另一家书店找了份封面装裱的工作，但新老板不像里比恩那么好说话，不让法拉第随便看店里的书。

法拉第的师傅、书店老板里比恩正在展示他在业余时间制作的电力装置。里比恩是一个热爱科学的人，他给了未来的大科学家最初的启蒙和帮助

法拉第对新老板的专横十分不满，决定辞职。前思后想了一阵儿后，法拉第给戴维爵士写了一封信，请他帮自己找工作，并随信寄去了他的笔记。

时间一天天地过去了，法拉第始终没有收到戴维的回信。"唉，一个著名科学家干吗要搭理我这样一个穷小子呢？"法拉第自言自语道。

1812年的圣诞前夜，一个送信人来到法拉第工作的地方，递给法拉第一封信。与其说那是一封信，不如说是一张便条。戴维爵士在信中赞扬了法拉第的勇气和韧劲，告诉他自己最近要离开伦敦，并想在次年1月底见见法拉第。

法拉第每天翘首盼望戴维爵士的复信

次年1月底，两个人见了面，但是戴维没答应法拉第任何事。法拉第再次绝望了。自己注定要一辈子做一个封面装裱工吗？大约一个月以后，戴维给法拉第写了一封信，说如果他愿意，可以去皇家学会做助手。法拉第甭提有多高兴啦！

戴维爵士在科学研究方面曾做出过很多贡献，他对人类文明做出的贡献之一就是给法拉第在皇家学会谋得了一份工作。就连戴维爵士自己后来也常常这样说："我的最大发现就是发现了法拉第！"

两位伟大人物的初次会面

在皇家学会，法拉第除了日常工作，还要做很多杂事。但是他很高兴有机会在一个他喜欢的环境里工作。现在他可以把更多的时间投入研究和实验中去了。

法拉第对电磁学特别感兴趣。他研究了奥斯特和安培的研究成果，用自己的方式重新做了两位伟大科学家做过的实验，并且按照自己的想法做了一些实验。戴维对法拉第的工作热情和创造性印象深刻，也对法拉第的研究工作进行了指导。

法拉第在戴维的指导下做实验

随着时间的流逝，法拉第的名气渐渐大了起来，他当选为皇家学会会员。1829年戴维逝世后，法拉第继续独立进行研究和实验。

在很长一段时间里，一个特别的想法一直萦绕在法拉第的脑海中：如果电能够产生磁场，为什么磁场不能产生电呢？1831年的某一天，在实验过程中，法拉第意识到自己的设想是正确的。他观察到一个被放进变化的磁场中的导线圈产生了电流。这个发现具有无比重要的意义，正是这个发现使得那些能够产生巨大电力的发电机的制造成为可能。

独自做实验的法拉第

法拉第在皇家学会的实验室里做实验

皮尔　　法拉第

当时罗伯特·皮尔任英国首相。法拉第找到一个机会向首相解释他的电磁感应原理和发电理论，希望政府资助自己的研究，但是并没有打动皮尔。首相用一种轻视的口吻说："你的这个发现对于我国究竟有什么用处呢？"

法拉第回答说："新生婴儿有什么用处呢？你可能觉得他无用，但是我这个发现终有一日会造就伟大的奇迹。这个发现一旦被应用到实际的领域中，你的政府将在不久的将来，因为这个收取大笔的税金。"不久以后，法拉第的预言就变成了现实。

法拉第发明的
发电机——法拉第盘

今天，发电厂里运转的大型发电机都是根据法拉第提出的电磁感应原理制造出来的。

除了电磁感应理论，法拉第还为科学进步做出了其他一些意义很大的贡献，其中尤其重要的是电解原理。

为了纪念法拉第，人们把电容的单位命名为"法拉"。

法拉第在做讲座

电磁铁的改进

约瑟夫·亨利

也是在 1831 年，美国纽约州奥尔巴尼学院的物理学家约瑟夫·亨利根据自己的独立研究也提出了电磁感应原理。

发电机的发明者们对于这一发明在理论方面的贡献应归功于谁，有不同的看法。有人认为应该归功于法拉第，也有人认为应该算亨利的功劳。

斯特金

此外，亨利还有好几个重大发明，改良的电磁铁就是其中一个。导线切割密集的磁力线才能产生电流，所以要产生较强的电流，必须有强有力的磁铁。1823 年，英国科学家斯特金曾用裸铜线在一根 U 形铁棒上绕了 18 圈，制成一个电磁铁。电磁铁足以吸起比铁棒重 20 倍的铁块。

斯特金发明的历史上第一个电磁铁

1829 年，亨利采用绝缘导线代替裸铜线，改进了斯特金的装置。他为耶鲁大学实验室制作的电磁铁即使在现在看来也是相当强大的，只依靠一个伏打电池的电力，就能移动 1600 千克的物体！

亨利制作的电磁铁

现代起重机上的电磁铁

亨利还发明了第一套可以将电信号发送到遥远地方的电路系统。莫尔斯实际上是在亨利的无私帮助下，才发明了自己的电磁式电报机。莫尔斯的主要贡献其实是发明莫尔斯电码，并且近乎执拗地将电报系统推广开来。

亨利发明电动机

有了发电机，接下来人们又想发明电动机来驱动机械。约瑟夫·亨利发明了电磁铁，协助莫尔斯发明了电报机，在电学领域的贡献其实已经够大了，不过他还有一项更重大的贡献是发明电动机。

亨利的电动机是这样运转的（如左侧中图所示）：竖立的条形磁铁 D 吸引水平电磁铁的 B 端，使长金属丝 Q、R 分别与电池 F 的两个电极 S 和 T 接触，这时电池 F 的电流流入电磁铁，产生一个新的磁场，使 A 端与条形磁铁 C 互相吸引，导致上述过程反向进行一遍。这两个过程周而复始，水平电磁铁就不停地来回上下摆动。

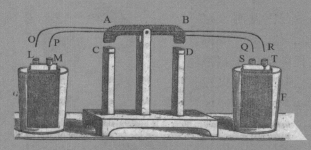

亨利的电动机的复制品

亨利发明的电动机还不能像后来的电动机那样提供旋转动能，但足以证明不仅动能可以转化成电能，电能也可以转化成动能。

电动机的好处是安装位置基本不

亨利发明的电动机的原理

受限制，可以随意启动、停止，而且外形小巧。在我们的身边，大量的机器设备都是通过电动机由电力来驱动的，如电动公共汽车、电动轿车、电瓶车等电动车辆，洗衣机、电吹风机、电风扇等家用电器，电钻、电锯、车床等电动工具。

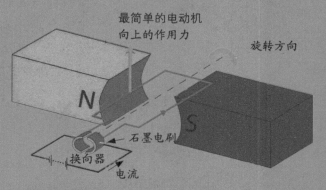

最简单的电动机
向上的作用力
旋转方向
N
S
石墨电刷
换向器
电流

现代电动机

转子和外壳

发电机的改进

随着能产生更强大磁场的电磁铁的出现，人们自然而然地想到了用电磁铁改进使用天然磁铁的发电机。

皮克西

1832 年，法国仪器制造商伊波利特·皮克西发明了最早的电磁铁发电机。

1866—1867 年，英国物理学家惠斯通、英国发明家塞缪尔·瓦利、德国工程师西门子相继独立制成了可以在工业生产中使用的现代发电机。

惠斯通

Charles Wheatstone

1872 年，德国工程师黑夫纳－阿尔特内克设计出了第一台真正高效的发电机。电从此可以大量廉价生产。

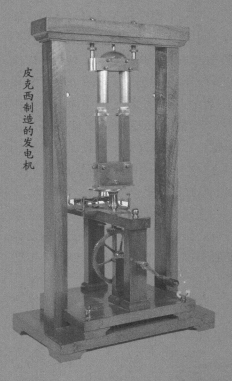

皮克西制造的发电机

西门子

黑夫纳－阿尔特内克

SIEMENS-SCHUCKERT

现代电厂的发电机

现代化的发电厂里，巨型涡轮发电机以蒸汽或者水力作为动力源获得驱动力。在热电厂，一般依靠燃料燃烧产生热量，加热锅炉产生蒸汽。蒸汽被引导至发电机的涡轮，推动涡轮旋转。在水力发电厂，发电机都被建在河流的大坝上，涡轮由水流动所产生的水压驱动。此外还有以核能、风力等为驱动力的发电厂。

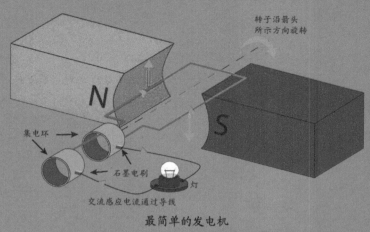

转子沿箭头所示方向旋转

集电环

N

S

石墨电刷

灯

交流感应电流通过导线

最简单的发电机

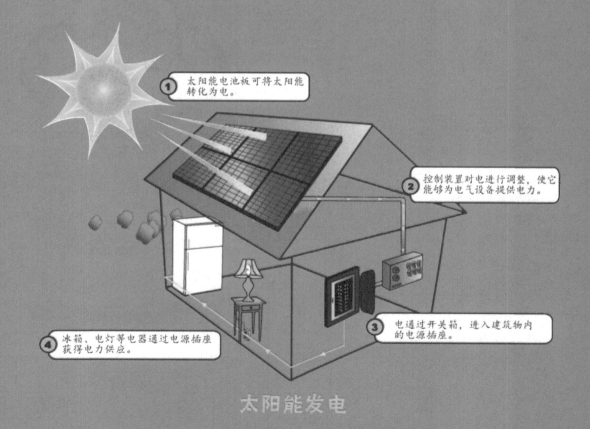

① 太阳能电池板可将太阳能转化为电。

② 控制装置对电进行调整，使它能够为电气设备提供电力。

③ 电通过开关箱，进入建筑物内的电源插座。

④ 冰箱、电灯等电器通过电源插座获得电力供应。

太阳能发电

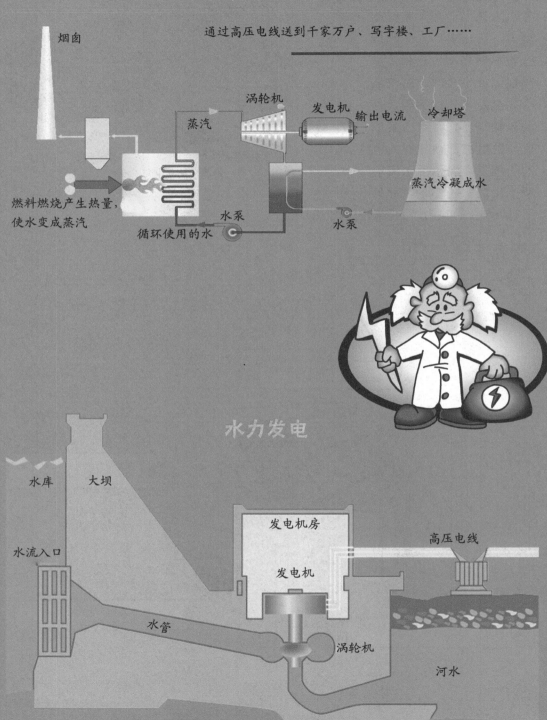

火力发电

通过高压电线送到千家万户、写字楼、工厂……

烟囱

涡轮机

发电机　输出电流

冷却塔

蒸汽

蒸汽冷凝成水

燃料燃烧产生热量，使水变成蒸汽

循环使用的水　水泵　水泵

水力发电

水库　大坝

发电机房

高压电线

发电机

水流入口

水管

涡轮机

河水

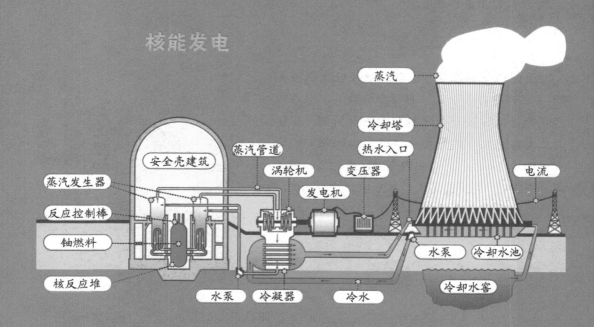

核能发电

蒸汽

冷却塔

热水入口

电流

安全壳建筑

蒸汽管道

涡轮机

变压器

发电机

蒸汽发生器

反应控制棒

铀燃料

核反应堆

水泵

冷凝器

冷水

水泵

冷却水池

冷却水窖

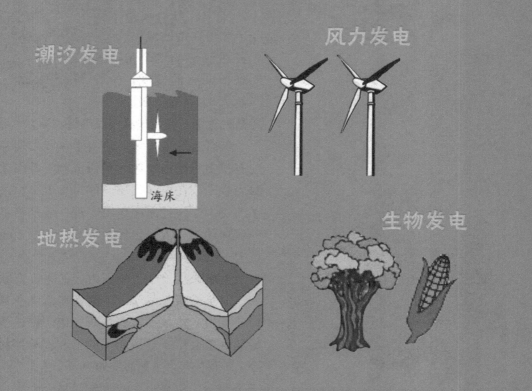

潮汐发电

海床

风力发电

地热发电

生物发电

惠斯通电桥

英国科学家塞缪尔·克里斯蒂曾是剑桥大学三一学院的毕业生，本专业是数学，学习成绩还挺好，得过一个学院发的史密斯奖。在学习本专业之余，他特别喜欢研究电磁学。他研究过地球电磁场，还对磁力指南针进行过改进。离开大学后，克里斯蒂成了皇家学会的研究员，有一段时间专门做物理学讲座。1833 年，他在一篇论文中第一个提出了惠斯通电桥。

塞缪尔·克里斯蒂

电池
可变电阻
已知电阻
电流方向
未知电阻
电流表
已知电阻

惠斯通电桥

惠斯通

1843 年，科学家查尔斯·惠斯通在提交给皇家学会的论文中，再次提出了克里斯蒂的成果。虽然他说了这个是克里斯蒂的发明，但人们并不买账，还是把这个东西叫作惠斯通电桥。

惠斯通是当时著名的科学家和发明家，他有很多重要的发明和科研成就，并因此被封为爵士。在电学领域，他对于电报机进行了改进；参与过海底电缆工程；还是测量电的流速的第一人，虽然他亲测的值要比实际值大一些。

惠斯通是一个敏感而内向的人，沉默寡言，但是一谈起科学，就会变得眉飞色舞，口若悬河。他从小就喜欢研究电，据说所有零花钱都会用于购买相关的书和实验器材。令人惊讶的是，虽然惠斯通有两个博士学位：一个博士学位来自牛津大学，另一个来自剑桥大学，但都是法律专业的。

从左到右依次为法拉第、生物学家赫胥黎、惠斯通、"现代实验光学之父"布鲁斯特和发现二氧化碳与温室效应关系的丁达尔

卡伦发明变压器

爱尔兰科学家卡伦是一个教士。他小时候当过天主教教堂的侍者，后来教会的领导人看到这个小孩挺机灵，就送他去教会办的大学读书。在本地念完大学，又被送去罗马的大学继续深造。他虽然是一个神学博士，但很喜欢研究电学、磁学。不过他真正出成果，是在返回母校梅努斯学院做物理学教授以后。

卡伦

1836年，他发明了第一个感应线圈。他之所以要搞感应线圈，是因为他需要一种比当时电池能提供的电流更强的电流。这个感应线圈是在一个铁棒上缠若干圈粗电线，并和一个较低电压的电源相连；粗电线外面缠若干圈细电线。借助一个铁质电枢和机械的电流通断装置，可以在通和断之间反复向粗电线供电，然后就能在细电线的线圈中产生方向交替变化的高压电流。这个线圈能把一个小电池产生的电流转换成很强的电流。通断供电的速度越快，则产生的电流越大。

1837年，在新建的巨型感应线圈上，他引入了

卡伦在1836年制作的第一个感应线圈

一个每秒通断20次的装置，这个线圈可产生38厘米长的电火花，估计产生的电压有60000伏，是当时已知的最强大的人造电流。

梅努斯电池

爱尔兰国家博物馆收藏的卡伦的感应线圈

卡伦还发明了一种便宜的电池，使用便宜的铸铁代替昂贵的白金或碳。这种电池被称为梅努斯电池。在使用电池做实验的过程中，卡伦还制造了当时世界上最大的电池。这个大电池串联了577个单独的电池，使用了大量的酸，可支持卡伦的电磁铁移动两吨重的物体。

爱德华·戴维发明继电器

爱德华·戴维

在电报的发展过程中，英国科学家爱德华·戴维起到过重要的作用。爱德华·戴维是著名科学家戴维爵士的远房亲戚。他的父亲是一名医生，他自己本来也是一名医生。

当时的科学界正热衷于开发电报系统，爱德华很快也被吸引了进来，他组织并实施了一系列的电报系统通信实验。爱德华最重要的成果是发明继电器，并且将它应用在电报系统中。继电器的本质是一个电路开关，可以用较小的电流控制较大的电流。在电报系统中加入这种装置，就可以去掉"接力"传递信号的人工操作。

戴维的继电器包括一根磁针、一个处

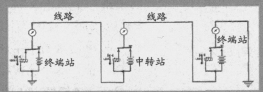

加入继电器的电报系统原理图

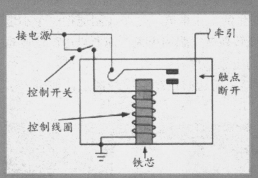

继电器的工作原理

在磁针附近的线圈和一个水银触点开关。当线圈中有电流通过时，磁针就会被线圈吸引，接触到水银触点开关。凭借这个发明，他被推选为电报工程师学会的名誉会员。

爱德华在英国时，就已经和妻子离婚了。在那之后，妻子和妻子的债权人把他告上了法庭。为了躲避这些缠人的官司，他逃到了澳大利亚。由于无法继续进行电报实验，他把自己的电报系统专利卖掉了。买家主要看上的是他的继电器。在澳大利亚，可怜的爱德华做过编辑、管理员、化验师、农民和医生，还曾三次被选为一个小城的市长。不过，他再也没有研究过电报。

继电器式电报机

第一个太阳能电池

埃德蒙德·贝可勒尔是法国物理学家，他的最重要成就是发现了"光生伏打效应"。这个效应是后来的太阳能电池的运作机理。埃德蒙德的父亲安托万·贝可勒尔是法国巴黎国家历史自然博物馆的物理学教授，在电学和光学方面挺有研究。埃德蒙德是他父亲的学生、助手，后来也成了其父职位的继任者。他的很多研究都和他父亲的研究有关联。贝可勒尔家族可说是科学家专业户。埃德蒙德的儿子亨利·贝可勒尔也是一个大科学

埃德蒙德·贝可勒尔

家，他曾凭着发现自发放射性，和居里夫妇共同获得诺贝尔物理学奖。

1839 年，在父亲的实验室里，年仅 19 岁的埃德蒙德制作了世界上第一个太阳能电池。他在白金电极上涂上一层氯化银或溴化银。一旦

贝可勒尔制作的第一个太阳能电池

电极被光线照到，相连的电路中就会产生电压和电流。

"光生伏打效应"又被称为"贝可勒尔效应"，简称"光伏效应"，是指半导体或半导体与金属组合的部位间，在受到光线照射的情况下，因不同部位的材料不均匀，产生电压与电流的现象。

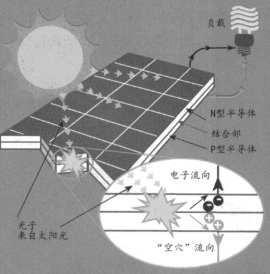

太阳能发电的原理

画家莫尔斯发明电报机

自从电被人类发现之后，很多科学家都在研究能不能用电来快捷地传递信息。但第一个取得突破性研究成果的人却是一个外行人——美国画家塞缪尔·莫尔斯。

莫尔斯从耶鲁大学毕业后，不顾父亲的劝阻，非要成为一个在当时一般人看来很没出息的画家。他先后去伦敦、意大利游历，学习了很多年，没少吃苦头。

莫尔斯青年时代自画像

莫尔斯的油画

1830 年 10 月 1 日，学有所成的莫尔斯登上了一艘名叫萨里号的轮船，启程还乡。在轮船的餐桌上，莫尔斯听到一些同行的旅客谈起电，其中提到了一些尝试通过电发送信息的实验。

莫尔斯认真地听着大家的讨论，他对于电知道的不多。但他觉得如果能用电把信息迅速地从地球的一头传递到另一头去，绝对是一件神奇的事。

很快，他开始问自己："我是不是也可以研究一下？没准儿我能发明一种新的通信技术呢。"

离开祖国多年，莫尔斯非常想念自己的父母，恨不得立刻见到父母，听到他们的声音，知道他们的消息。对亲人的思念之情激发了他研究科学技术的热情。

莫尔斯在归国的轮船上

莫尔斯从旅客们那里获知了很多关于电的知识，最后，莫尔斯站了起来，走回自己的船舱，开始构思自己的发明。作为"外行"，他的优点是思路不会受老套路的影响。

经过研究，他琢磨出了用一根带有电磁结构的电线发送信息的思路。

莫尔斯的设计是在发送信号端周期性地发送一些电流，经过导线传输，激发信号接收端的

莫尔斯奖章，全称以莫尔斯的姓名命名，由美国地理学会颁发，用于奖励在地理学研究领域做出杰出贡献的人

莫尔斯的电报机设计图

闭合电路中的电磁铁，使电磁铁周期性地运动，带动铅笔上下运动，而铅笔则因电磁铁受激发的时间的不同，在持续移动的纸带上写下点、画两种不同记号。

为了配合这一装置，莫尔斯还设计了一套由点、划组合构成的代码表。点、划的不同组合分别代表一个英文字母或者数字。这套代码后来被叫作"莫尔斯电码"。

莫尔斯电码

A	·—	Alfa	S	···	Sierra
B	—···	Bravo	T	—	Tango
C	—·—·	Charli	U	··—	Uniform
D	—··	Delta	V	···—	Victor
E	·	Echo	W	·——	Whiskey
F	··—·	Foxtrot	X	—··—	X-ray
G	——·	Golf	Y	—·——	Yankee
H	····	Hotel	Z	——··	Zulu
I	··	India	0	—————	
J	·———	Juliett	1	·————	
K	—·—	Kilo	2	··———	
L	·—··	Lima	3	···——	
M	——	Mike	4	····—	
N	—·	November	5	·····	
O	———	Oscar	6	—····	
P	·——·	PaPa	7	——···	
Q	——·—	Quebec	8	———··	
R	·—·	Romeo	9	————·	

回到美国后，莫尔斯作为知名画家大受追捧，掌声和鲜花环绕。但莫尔斯回绝了很多酒会、饭局的邀请，专心研究他的电报机。在很长一段时间里，他天天跟电池、铁条和杠杆待在一起。

任何成功都不是那么容易就能取得的。他设计的第一款电报机根本就不能工作。他不断地改进设计，慢慢地终于制造出可以实际操作的东西。这个简易装置可以通过电线从实验室的一头向另一头发送信息。

莫尔斯发明的电报机的收报器

莫尔斯发明的电报机的发报器

要想向人们宣传他的电报机，莫尔斯需要一笔钱，但谁会白给钱呢？金属线价格很贵，而且他需要几千米长的金属导线。其他必需的材料也需要很多钱。但莫尔斯却连一个赞助商也没有。

莫尔斯继续自己"烧钱"做实验，结果越来越穷。

但后来幸运之神还是朝他微笑了。一些国会议员和社会知名人士认识到莫尔斯的发明的潜在巨大价值，设法安排他在公众面前展示自己的装置。

这绝对是人类文明史上伟大的一幕！

人们围着莫尔斯，等待着见证奇迹的时刻

人们设置了 64 千米长的电线，从美国首都华盛顿特区一直引到另外一个城市巴尔的摩。1844 年 3 月 24 日，一切准备就绪，莫尔斯在一群政府专家面前开始展示他的发明。莫尔斯操作华盛顿特区这边的电报机，他的助手韦尔操作巴尔的摩那边的电报机。

工人们正在忙碌地布设电报线

　　人们紧张地注视着莫尔斯坐到他的电报机前，随着电报机的发报器发出"咔嗒、咔嗒"的声响，莫尔斯开始发送信息了，内容是："What hath God wrought?"（上帝创造了什么？）发送信息后，莫尔斯站起来离开座位，好让大家知道自己没搞鬼。

　　几秒后，电报机的收报器开始像被鬼魂操纵了一样自己动了起来。上面的铅笔开始在移动的纸带上依次写下一组代码："点、划、划……"翻译出来就是："What hath God wrought?"这是韦尔发回来的信息！

　　至此，莫尔斯成功发动了一场通信革命！很快，众多的电报通信系统在世界各地建立起来。

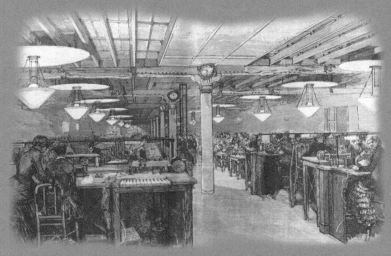

19 世纪末美国由女发报员操作发报的电报机房

当作业弄出来的基尔霍夫定律

基尔霍夫定律是求解复杂电路计算的基本定律，由德国物理学家基尔霍夫提出。基尔霍夫虽然因这个定律而扬名天下，可是他总结出这个定律时，还是哥尼斯堡大学的一个大学生，而且这个定律是当作业来完成的。这个成果后来经过整理扩充，成了他的博士论文。后来他虽然成了大学教授，但主要研究的是光谱学，基本上没再研究过和电有关的东西。光谱学是一种通过研究物体发射、吸收或者散射出来的光，来确定物体的情况的科学。

在海德堡大学工作时，他和同事——德国化学家本生一起或独立取得了很多光谱学研究成果，还共同发明了可以分解光线的分光镜。

基尔霍夫电压定律: 沿着闭合回路的所有电动势的代数和等于所有电压降的代数和。

既有总势能

势能总损失

基尔霍夫电流定律: 在任一时刻所有流入某节点的电流强度的总和等于所有流出该节点的电流强度的总和。

流量1

流量2

流量1＝流量2+流量3

流量3

1859 年，他用光谱化学分析法确定太阳上存在元素钠等。大学毕业后，他唯一做过的和电有关的重要研究，是在1857 年通过测量电信号通过一段无电阻导线的时间，确定了电是以光速来传播的。

鲁姆科夫研发商用感应线圈

　　鲁姆科夫是一个德国机械师。他在德国完成学徒学习后，在英国一家制造机械设备的公司工作过一段时间。后来，他去巴黎开办了自己的生产电器设备的公司。在这个阶段，他制造了质量很好的感应线圈卖给需要的人。他制作的感应线圈被叫作鲁姆科夫线圈，最好的产品可以产生 30 厘米以上的电火花。

　　卡伦虽然是感应线圈的真正发明人，但是他没有把自己的发明商业化。鲁姆科夫的线圈生意做得很好，以至于当时很多人以为他才是感应线圈的发明人。1858 年，他凭借制造感应线圈的成就成了第一届伏打奖的获奖者，获得了当时的法国皇帝拿破仑三世颁发的 50000 法郎。这个奖项以意大利科学家伏打的名字命名，由拿破仑三世创立，用于奖励电力应

鲁姆科夫线圈

用领域的杰出发明或发现。

　　在当时，鲁姆科夫线圈往往用于配合一些放电管进行光学展示实验，也可以作为引爆装置来使用。实际上鲁姆科夫已经把感应线圈发展成一种交流变压器。在凡尔纳的小说中，有好几次提到过一种矿工用的"鲁姆科夫灯"。那种灯虽然用到了感应线圈，但并不是鲁姆科夫发明的。

用鲁姆科夫线圈引爆伏打手枪的场面。伏打手枪由意大利科学家伏打发明，原理是用电极引爆密闭容器中的氧气和空气混合物，当爆炸发生时，密闭容器口的塞子会被弹射出去，发出很大的声响

麦克风的发明

在较大空间内，对很多人讲话时，经常出现远处的人听不清说的是什么的问题。公元前 5 世纪以后，古希腊人在演出戏剧时，会佩戴一种嘴部有喇叭口形开口的面具，好让剧场里的观众能听清演员说的话。

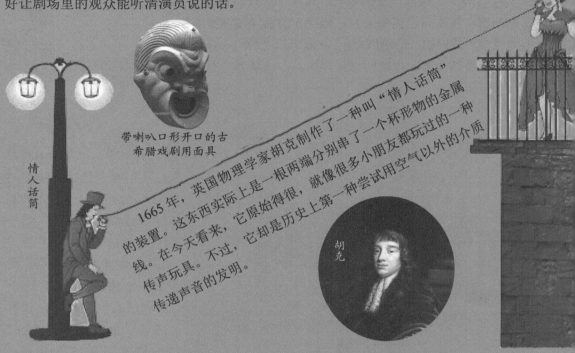

带喇叭口形开口的古希腊戏剧用面具

情人话筒

1665 年，英国物理学家胡克制作了一种叫"情人话筒"的装置。这东西实际上是一根两端分别串了一个杯形物的金属线。在今天看来，它原始得很，就像很多小朋友都玩过的一种传声玩具。不过，它却是历史上第一种尝试用空气以外的介质传递声音的发明。

胡克

到了近代，科学家在研究电话的过程中捎带着发明了麦克风。麦克风（microphone），又叫话筒，是一种能将声音转换为电信号，以便放大或远距离传送声音的电子器件。简单地说，最早的麦克风就是电话的送话器。1861 年，德国发明家雷斯发明了一种后来被称为雷斯电话的传声装置。这种装置的电路中有一个附着

雷斯

PHILIPP REIS

在震动膜片上的金属条。随着膜片震动，金属条可以在电路中造成断续的电流，而断续的电流恰好可以用来传递声音信号。雷斯电话传送音乐的效果还凑合，通话效果不佳，是最早用电信号来传递声音的装置。

雷斯电话的话筒

1876 年，美国发明家贝尔发明了用金属针和酸溶液或水银组合来产生断续电流传递声音的液体话筒，并在该装置的基础上发明了电话。

另外一个美国发明家以利沙·格雷也独立发明了类似的装置。他取得发明的时间比贝尔取得的时间要早，但人们一般认为液体话筒和电话的专利属于贝尔。这些装置的传声质量都不太令人满意，而且在电话机里装水或者水银的方法明显不实用。

不久，大卫·休斯在英国，埃米尔·伯利纳和爱迪生在美国，分别在先后差不多的时间内发明了碳粒式话筒或者说碳粒式麦克风。一般认为，大卫·休斯发明的时间最早，但是爱迪生在 1877 年获得了最早的专利。

爱迪生不断改进他的设计。1910 年，在纽约大都会歌剧院进行了有史以来第一次公共无线电广播。当时所使用的话筒，就是按爱迪生的发明制造的。

贝尔的液体话筒

声音　声音　簧片（电枢）
酸溶液　导线　导电杯　电信号　电池

以利沙·格雷

大卫·休斯

埃米尔·伯利纳

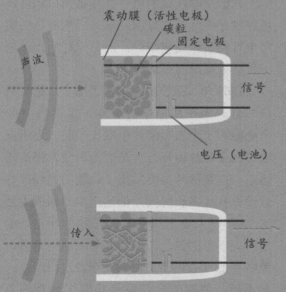

震动膜（活性电极）
碳粒
固定电极
声波
信号
电压（电池）
传入
信号

碳粒式麦克风的工作原理

美国西部电气公司约 1924 年制造的 357 型双纽碳粒式麦克风

白炽灯的故事

电灯是利用电能来产生可见光的装置。在现代社会，电灯是最常见的人造光源之一，为人类在夜间的室内外的生产、生活和娱乐提供照明。电灯主要有三种类型：白炽灯，借助电流把灯丝加热到白炽状态而发光；气体放电灯，借助在气体中产生的辉光放电或弧光放电，最常见的种类是荧光灯或指示灯；LED（发光二极管）灯，借助穿过半导体带隙的电子束发光。

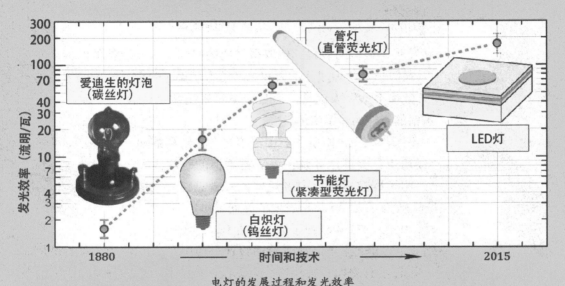

电灯的发展过程和发光效率

人们平时所说的电灯往往是指白炽灯，还经常把电灯叫作灯泡，这是因为最早的实用电灯类型就是白炽灯，而白炽灯的外面是一种接近圆形的玻璃壳。

1802 年，戴维爵士制作了历史上第一只白炽灯。他在皇家学会的地下室里将 2000 个电池和 1 个白金薄片串联在一起。之所以选择白金薄片做灯丝，是因为白金有极高的熔点。白金薄片最终发出了微弱的光线，并且没有持续多长时间，但这个实验却成为后来 75 年间大量白炽灯研发实验的起点。根据历史学家的说法，在斯旺和爱迪生之前，曾经有 22 个发明者分别独立研发过白炽灯。只不过，他们的电灯质量和实用性都不怎么样。

戴维爵士做白炽发光实验

施加了电压的两个电极间会产生电弧。基于这个原理，戴维后来又发明了一种弧光灯。到 19 世纪 70 年代，已经有一些使用碳棒作电极的戴维式弧光灯被用在公共空间照明上。相对于蜡烛、煤油灯、煤气灯，弧光灯更亮。碳弧光灯是第一种得到广泛应用的电灯，也是第一种成功商业化的电灯。

斯旺

不过，碳弧光灯也有一些明显的缺点：这种灯需要经常更换碳棒；会产生危险的紫外线；点亮后会发出嗡嗡声，而且在点亮时有闪烁现象；对无线电有干扰；容易引发火灾；释放一氧化碳，在室内使用时有可能让人中毒。

白炽灯。左侧的为斯旺制作，右侧的为爱迪生制作

英王乔治三世私人收藏的一款弧光灯

进入 19 世纪 80 年代，斯旺和爱迪生研发的白炽灯后来居上，到 20 世纪初已经完全取代了弧光灯。约瑟夫·斯旺是一个英国科学家和发明家。斯旺和爱迪生分别独立发明了可以商业化的白炽灯，并建造了最早的公共电灯照明系统，只不过斯旺主要在欧洲发展，爱迪生主要在美国发展，而且爱迪生的影响力更大。

1904 年，斯旺被当时的英王爱德华七世封为爵士。1881 年，在前往法国巴黎参加国际电力博览会时，他又获得了法国的最高荣誉——荣誉军团勋章。当时夜晚的巴黎正是用他发明的白炽灯照亮的。

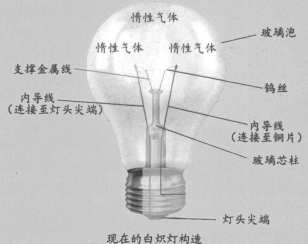

惰性气体

惰性气体　　　惰性气体

玻璃泡

支撑金属线

钨丝

内导线
（连接至灯头尖端）

内导线
（连接至铜片）

玻璃芯柱

灯头尖端

现在的白炽灯构造

爱迪生发明实用的电灯

爱迪生的出生地

美国发明家托马斯·阿尔瓦·爱迪生出生于俄亥俄州的米兰。

只上了3个月的小学，爱迪生的妈妈就把他带回了家，因为老师批评了爱迪生，还诅咒般地说他这辈子终将一事无成。爱迪生的妈妈也是一名教师，从那以后就开始自己教爱迪生读书。

爱迪生的父亲塞缪尔

12岁的时候，爱迪生就开始工作了——在往返于休伦湖港和底特律之间的火车上卖报纸。不卖报纸时，他就阅读各种书籍，其中他最感兴趣的是有关化学的书。那时的爱迪生决心将来要成为一名化学家，他还在列车行李间建了一个实验室。

少年爱迪生

但后来有一天，一个烧瓶翻倒，在车厢中引起了火灾。列车长暴跳如雷，将爱迪生的所有仪器和化学药品丢出了火车。他就在家里建了一个实验室，继续搞研究。

爱迪生对于电报也很感兴趣。根据学到的知识，爱迪生在自己的房间和一个朋友的房间之间拉了一根电线，经过一番调试，两个朋友成功地实现了通信。

爱迪生的母亲南希

爱迪生勇救儿童

在快 16 岁的时候，爱迪生做了一件英勇的事情——他在火车站上透气时，冒着生命危险救了一个爬到铁轨上玩的小男孩。被救男孩的父亲恰好是车站的发报员，他听说爱迪生对电报很感兴趣，主动提出来教爱迪生发送电报。

爱迪生在三个月后成了一名熟练的发报员。再后来，他又在加拿大的斯特拉特福找到了一份正式发报员的工作。爱迪生负责夜班的工作，这使得他在整个白天都可以尽情研究和做实验。

为了确保夜班工作人员不睡觉，随时守在电报机旁边，爱迪生的上司要求每个夜班发报员必须每隔半小时向办公室发送一条信息。爱迪生觉得很麻烦，就做了一个装置按照上司要求的频率自动发送电码。

不久以后，很多人知道了这件事情，爱迪生的上司对此十分不满。虽然爱迪生一直坚守在工作岗位上，并没有犯任何错误，但他还是被迫离开了工作岗位。当时有很多地方需要熟练的发报员，爱迪生很容易地在其他地方找到了工作，但他对发报这种工作已经失去了兴趣。

青年时代的爱迪生

爱迪生正在发电报

22 岁时，爱迪生来到了纽约。有一天，他为了找工作，来到了黄金电报公司。当时该公司内一片混乱，因为发报的设备出了故障，公司的人都不知道该怎么维修设备。

在获得老板的同意后，爱迪生仅仅用几分钟的时间，就搞清楚了设备的工作原理，并且修好了设备。公司老板当时就决定用每月 300 美元的薪水雇佣爱迪生，让他负责电报机的维护和技术改进工作。

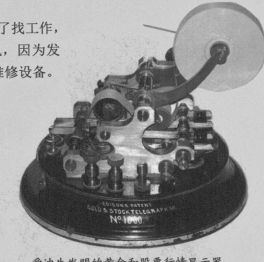

爱迪生发明的黄金和股票行情显示器

爱迪生很喜欢这份工作，因为薪水不错，而且他还有很多自由时间可以搞研究。他很快就对电报机进行了改良，并因此获得了好几项专利。不久以后，他就出名了，不仅被当成电报技术方面的专家，还被当成电气技术方面的专家。通过出售专利，他成了一个有钱人。

1874 年，爱迪生决心将主要精力放在发明方面。他在纽约郊外的门罗公园建造了一个装备齐全的大宅子作为实验室。

爱迪生和他的第二台留声机

亨利·福特博物馆按原貌再建的门罗公园实验室内景

爱迪生在实验室

在搬到门罗公园后的第10年，爱迪生开始研究电灯。爱迪生让电流通过一根细线似的铂金丝，铂金丝温度随即升高、发出亮光，但只持续了几秒。电流产生的高温烧断了铂金丝。接着他制造了椭圆形的玻璃罩，将铂金丝放在里面，再把里面的空气

抽光，然后让电流通过铂金丝。铂金丝再次发出亮光，在被烧断之前持续了8分钟。

大量制造电灯的关键是找到比铂金丝更结实的可用材料。在试验了6000多种样品后，他发现有一种日本竹子做的碳灯丝质量最佳。有了好用的灯丝，爱迪生开始大量制造电灯。

1879年12月，《纽约信使报》上发表了一篇文章，报道爱迪生发明实用电灯的消息。文章同时宣布了爱迪生将于新年前夜在门罗公园举办庆祝灯光晚会的消息。

当天，大约有3000人坐着爱迪生

爱迪生设计的电灯图纸，这是一种白炽灯

派出的车准时聚集在门罗公园。

夜色变得越来越深，人们翘首期待着神秘时刻的到来。

突然，电灯开关被启动了，耀眼的灯光在一瞬间将黑夜照得亮如白昼。

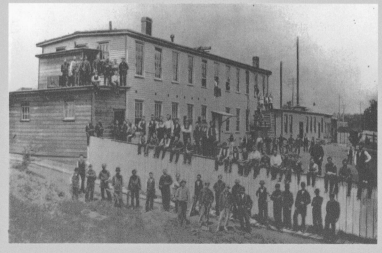

门罗公园内等待见证奇迹的人们

接下来的问题是，怎样让电灯进入千家万户呢？

要建造世界上第一个城市照明动力系统，可不是一件简单的事儿。首先，爱迪生发起了一系列的宣传和公关活动，如让100个游行者在夜里头戴带电灯的头盔穿过第五大道，让演员在舞台上演戏时晃动采用电力发光的"魔棒"……好让人们支持他的计划，结果纽约市长成了爱迪生的"粉丝"，一些银行家还借给爱迪生100万美元。

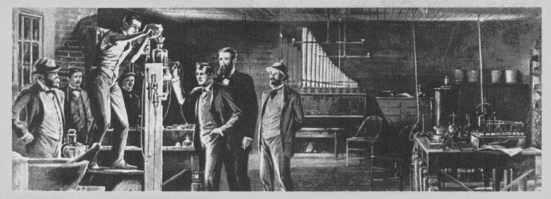

爱迪生和同事们在铺设电灯线路

爱迪生和他的同事们还需要制造很多器材：保险盒、电表、电灯开关、电线、电灯泡……都是前所未有的东西，他们还在纽约建了一个发电厂。

1882年9月4日，这是一个特别的日子。在这一天晚上的预定时间，爱迪生历史性地准时按下开关。一瞬间，14000多盏电灯同时照亮了约9000所住宅！

此后，在很短的时间里，世界各地的大小城市都建起了发电厂。人类从此进入了电气化时代。

发电机安装场面

电灯变得越来越先进

库利奇

白炽灯后来又有两项重大改进。1910 年，美国物理学家库利奇采用了耐热金属钨来制造灯丝。

1913 年，美国科学家欧文·朗缪尔发明了在灯泡中充入氮气或氩气以防止灯丝在真空中蒸发的方法。后来人们又发明了在灯泡里充氪气的方法，使灯丝发出的光变得更亮，而且寿命还很长。

欧文·朗缪尔

1910 年，法国化学家克洛德发明了氖灯。氖灯的灯管里充的是氖气，通电时，氖原子受到激发，就会发出明亮的红光。现在，人们家里常用的荧光灯就是在这个发明的基础上改进而来的。

克洛德

20 世纪 60 年代，美国惠普公司推出 LED（Light Emitting Diode，发光二极管）显示器，这可以说是 LED 灯的最早源头。LED 灯就是用发光二极管发光的电灯。

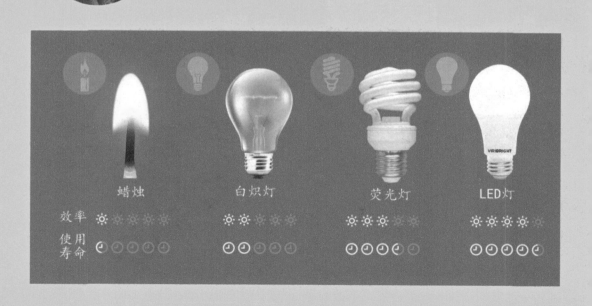

蜡烛　　　　白炽灯　　　　荧光灯　　　　LED灯

效率

使用寿命

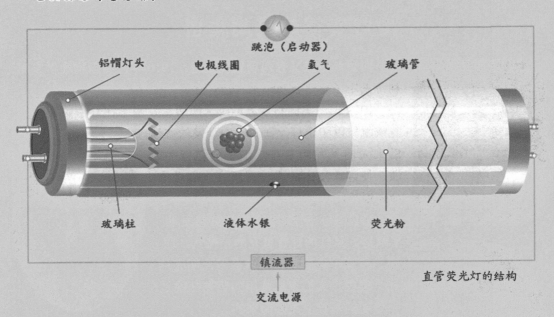

跳泡（启动器）

铝帽灯头　　电极线圈　　氢气　　玻璃管

玻璃柱　　液体水银　　荧光粉

镇流器

交流电源

直管荧光灯的结构

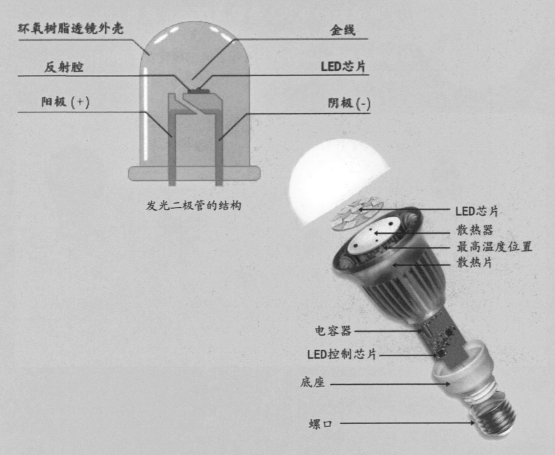

环氧树脂透镜外壳　　金线

反射腔　　LED芯片

阳极（+）　　阴极（-）

发光二极管的结构

LED芯片
散热器
最高温度位置
散热片

电容器
LED控制芯片
底座
螺口

LED 灯的结构

西门子发明扬声器

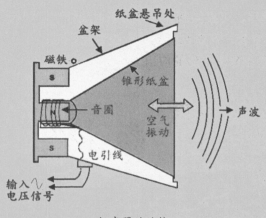

纸盆悬吊处
盆架
磁铁
锥形纸盆
音圈
空气振动
声波
电引线
输入
电压信号

扬声器的结构

扬声器是一种将电信号转换为声能的电声转换器件。雷斯和贝尔都设计过扬声器，可惜性能都不太理想，现在的扬声器是德国实业家、电气工程师和发明家西门子所发明的。

西门子出生于一个佃农家庭，有10个兄弟姐妹。由于家境贫穷，他上不起普通的大学，念的是一所军校。

西门子

在军校里，除了学习，西门子把主要精力放在搞发明创造上。父母早逝后，西门子作为家里的长子，需要赚钱补贴家用。在军队期间，他就发明过一种用于对丹麦作战的水雷。离开军队后，他多年积累的技术实力开始爆发，很快就凭借出售专利赚到的钱开起了自己的公司。

1877 年，西门子获得一项当时被称为动圈式转换器的德国专利。这个专利本来不是用来做喇叭的，却在 20 世纪 20 年代被贝尔公司相中，用作电话的传声部件。

除了发明扬声器、发电机，西门子还发明过一种指南针式电报机。1880 年，他制造了世界上第一部电梯。科学家伦琴研究 X 射线用的电子管，也是他的公司制造的。1882 年，西门子制造了世界上第一辆无轨电车。此外，在电力机车和电表制造、海底电缆研发和铺设等方面，西门子也有很多贡献。为纪念西门子在电气工程领域的贡献，人们后来把电导的单位命名为"西门子"。

1879 年 5 月 31 日，西门子在柏林工业展览会上推出的电力机车，这是 19 世纪最重要的技术进步之一

电视和计算机显示器的由来

"CRT"是英文"cathode-ray tube"的缩写，可直接翻译为"阴极射线管"。阴极射线管是一种内部有一根或多根电子枪的真空管，可以在荧光屏上投射出影像。在示波器、电视机、计算机、雷达等许多电子设备上都有广泛的应用。

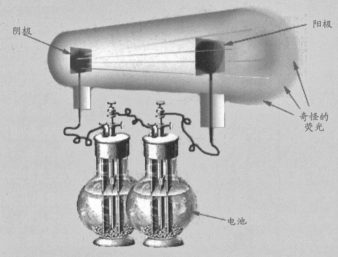

普吕克发现荧光现象

按原型来说，阴极射线管可以追溯到德国人盖斯勒发明的"盖斯勒管"。1858年，德国波恩大学教授普吕克发现，在有稀薄空气的玻璃管中发生放电现象时，玻璃管壁上会出现微弱的荧光，而且那种荧光可以在电磁铁的影响下发生偏移。这种荧光就是后来人们所说的阴极射线造成的。普吕克当时所用的放电管就是由盖斯勒在1857年发明制作的。

盖斯勒本来是个玻璃仪器制作工匠，擅长为大学实验室制造玻璃仪器。应普吕克的要求，盖斯勒研究制作了盖斯勒管。盖斯勒做了一个水银真空泵，可以把玻璃管中的空气抽得很稀薄。盖斯勒本人对电学也很有研究，出版过好几本相关的书，并因此被授予了名誉博士学位。盖斯勒管可以用于科学研究和娱乐展示，后来进一步发展成现在的霓虹灯。鲁姆科夫灯其实就是鲁姆科夫线圈和盖斯勒管的结合体。

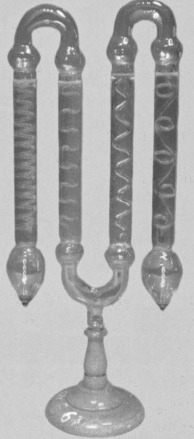

一只四柱式盖斯勒管

盖斯勒管是一种两端各有一个金属电极、内部为粗略真空状态的柱形玻璃管，管内有稀薄的氖气或氩气、水银蒸气或其他导电性液体、可电离的矿物或金属（比如钠）。在两端电极加上较高的电压后，在电压的作用下，会有电子、离子从管内残留气体分子中游离出来，当电子和离子重新合并时，就会发出荧光。随管内放置材料的不同，还会发出不同颜色的光。

旋转式盖斯勒管

人们被橱窗中五颜六色的盖斯勒管所吸引

克鲁克斯爵士

进入 19 世纪 70 年代，出现了质量更好的真空泵，可以把盖斯勒管中的空气抽得更干净，这时盖斯勒管就变成了克鲁克斯管。克鲁克斯管的发明者是英国科学家克鲁克斯爵士。

克鲁克斯是一个富裕的裁缝的儿子，也是一个学霸。他虽然"不差钱"，但从大学第二学期就开始靠奖学金和帮老师干活赚钱来维持学业。他的主要职业是做科学杂志编辑和大学老师。作为一个科学家，他的主要研究方向是属于化学方面的光谱学，最重要的成就之一是通过光谱仪发现了元素铊，并靠着在科学领域的成就被封为爵士。在研究光谱过程中，他发明制作了克鲁克斯管。这是一个在未来将改变整个物理学和化学面貌的发明。

克鲁克斯管

给克鲁克斯管通上电流，阴极对面一端的玻璃壁上就会出现荧光。如果阴极前面有障碍物的话，荧光中间还会出现明显的阴影。这一现象被普吕克的同事和合作研究者德国物理学家希托夫所注意。

关闭和点亮状态的克鲁克斯管。在点亮状态，电子束（阴极射线）从阴极（左）射出，沿直线传播。在右面玻璃壁上，可以看到金属十字架投射在荧光层中的阴影。这证明了阴极射线的存在

希托夫意识到，荧光是由某种来自阴极，在克鲁克斯管中沿直线传播的射线造成的。这种射线后来被命名为阴极射线。

克鲁克斯管属于冷阴极管，这意味着克鲁克斯管中没有需要加热的灯丝，不会像后来出现的电子真空管那样用灯丝释放电子束。在克鲁克斯管中，通常是利用感应线圈（鲁姆科夫线圈），在阴极和阳极之间施加高电压（几千伏到约 100 千伏），使管内残留空气离子化，从而产生电子。

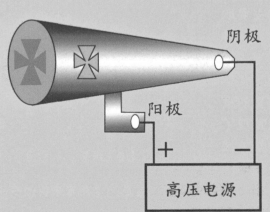

克鲁克斯管的结构

当向管子施加高电压时，电场会对管内气体中始终存在的少量带电离子和自由电子进行加速。电子与其他气体分子碰撞，引起气体分子中电子的脱离，并产生更多的正离子。这些电子会持续在称为"汤森放电"的连锁反应中产生更多的正离子和电子。所有的正离子都被吸引到阴极或负电极上。当它们撞击负电极时，大量电子从金属表面逸出，在受到阴极排斥和阳极或正电极吸引的情况下，向阳极飞去。这些电子束就是阴极射线。

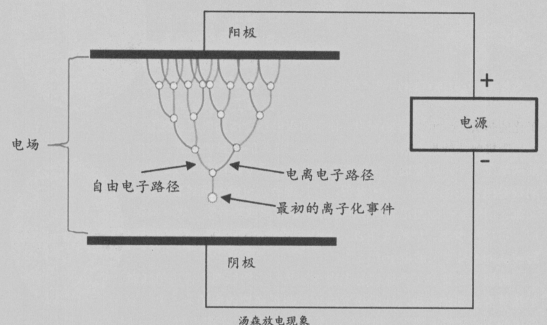

汤森放电现象

英国物理学家汤森发现了
汤森放电现象

由于管内的气体已经很稀薄，将有很多电子在撞不到气体分子的情况下飞到管子尽头。高电压将这些粒子加速到很高的速度（如管电压为 10 千伏，速度可达每秒约 35900 千米，约为光速的 12%）。当它们到达管的阳极时，具有很大的动量。尽管它们是被阳极吸过来的，但仍有许多飞过阳极，并撞击到阳极一端的管壁上。当它们撞击玻璃中的原子时，玻璃原子中的电子会变得具有更高的能量。当电子回落到其原始能量水平时，就会发光。这个过程叫作阴极射线发光，通常会使得玻璃发出黄绿色的光。

最早的可以被叫作显示器的阴极射线管是布劳恩管，由德国物理学家卡尔·布劳恩在 1897 年发明。布劳恩在克鲁克斯管的基础上增加了一个有荧光粉涂层的荧屏。这是第一种尝试把阴极射线管用作显示装置的发明。

布劳恩在 1897 年制造的一只"布劳恩管"

1908 年，英国科学家坎贝尔·斯温顿在科学杂志《自然》上撰文，描述了他如何利用布劳恩管实现电子图像的远距离传输。这一成果激起了人们探索影像电子化的热情。到 20 世纪 20 年代，使用阴极射线管作为电视显像管的电视原型机出现了。

阴极射线管是一根又厚又长、沉重、易碎的密封玻璃管。它的内部被抽成高度真空，以便电子枪能够不受空气分子干扰向荧屏发射电子。阴极射线管可能发生向内的爆裂。一旦爆裂，可能会有碎玻璃四处飞溅。阴极射线管的正面通常由厚厚的铅玻璃或特种钡－锶玻璃制成，可以抗震裂、屏蔽 X 射线。在集成电路出现之前，阴极射线管被认为是最复杂的电子产品之一。

阴极射线管的工作原理是先用电加热一个钨线圈，再用钨线圈加热管身后部的阴极，让阴极发射出受阴极调控的电子束。电子束在导电线圈或面板引导下，经阳极加速，射向荧屏，在撞击到荧屏上时发光。

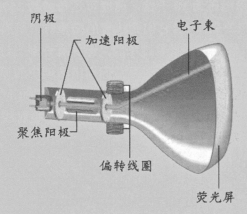

阴极射线管显示器的构造

20 世纪晚期，阴极射线管显示器开始被有机发光二极管（OLED）显示器、液晶显示器（LCD）、等离子显示器等平板显示设备所替代。这些新产品更轻便，造价更便宜，性能也更优异。

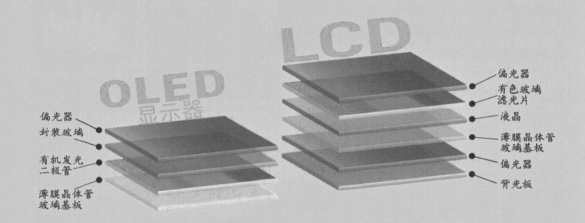

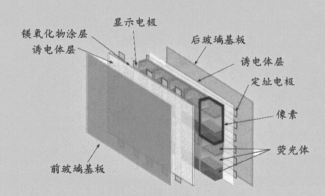

伦琴发现 X 射线

1895 年 11 月 8 日，德国物理学家伦琴在操作一个由黑纸板罩着的克鲁克斯管时，发现附近的荧光屏上闪起了微光。他意识到，来自管子的一些未知的不可见光线能够穿过纸板，并使荧光屏发出荧光。在进一步的实验中，伦琴又尝试用铝板、铅板隔开阴极射线管和荧光屏，他发现铅板可以让荧光屏变暗。当他把手放在阴极射线管和荧光屏中间时，荧光屏上竟然出现了模模糊糊的手骨影像。

 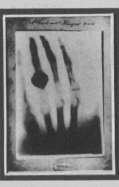

伦琴的太太安娜和人类第一张X光照片，上面可以看到安娜的手骨、手上戴着的结婚戒指，还有伦琴用钢笔写的"1895，12，22"的字样

在这以后很长一段时间里，伦琴

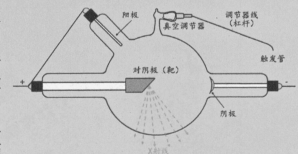

伦琴

一直专注于研究这种射线，并在 1895 年 12 月 28 日发表了世界上第一篇关于 X 射线的论文。因为当时对于这种射线的本质和属性还了解得很少，他就把这种射线叫作 X 射线。X 射线是人类发现的第一种"穿透性射线"，实际上是一种波长极短的电磁波，能穿透很多普通光线不能穿透的材料。这一发现使伦琴获得了 1901 年的诺贝尔物理学奖。

当施加在克鲁克斯管上的电压足够高时，电子就可以被加速到足够高的速度，在撞击管子的阳极或玻璃壁时产生 X 射线。

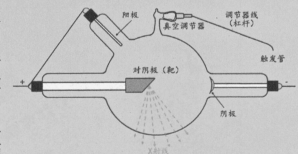

阳极
调节器线（杠杆）
真空调节器
触发管
对阴极（靶）
+
阴极
-
X射线

X 射线管的构造

当高速电子通过带大量电荷的原子核附近时，它们的运动会发生急速转向，这时高速电子就会发出 X 射线。这个过程叫"制动辐射"。或者高速电子将原子内部的电子撞击得具有更高的能量，当这些电子恢复为以前的能量水平时，也会发出 X 射线。这个过程叫"X 射线荧光反应"。

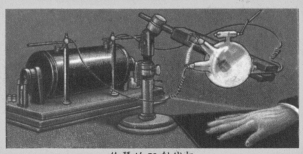

伦琴的 X 射线机

汤姆孙爵士发现电子

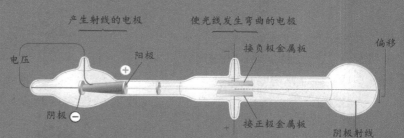

就在世界为爱迪生的新发明震惊之前几个月，英国剑桥大学卡文迪许实验室教授汤姆孙也做出了一个具有划时代意义的发现。

汤姆孙发现，当真空管的两端被加上高压电流时，真空管的阴极会向真空管内发射阴极射线，使管壁上产生荧光现象。1879年4月30日，汤姆孙盯着真空管看的时候，忽然灵机一动，想到射线可能是由无数微小的电的微粒构成的。这些电的微粒从阴极射出，飞到真空管的另一端，造成了荧光现象。汤姆孙由此提出假说，认为存在导线时，这些电的微粒的运动就构成电流。

根据观察，他进一步确定真空管阴极射出的射线是由负电微粒组成的。到这里，他得出结论，负电荷是构成物质的原子的组成成分，构成原子的微粒可以被轻易地分开。

产生射线的电极　　使光线发生弯曲的电极

电压　　阳极　　接负极金属板　　偏移

阴极　　接正极金属板　　阴极射线

汤姆孙发现阴极射线可受电场的影响发生偏转。通过比较阴极射线受电场和磁场影响所发生的偏转，他计算出电子的质荷比（一个带电粒子所带电荷与其质量之比）

在这个假设的基础之上，许多过去无法正确给予解释的现象就有了答案，如摩擦起电现象。世界是由原子组成的，也是由电子组成的。要研究原子，就必须研究电子。

因为这一项伟大的发现，汤姆孙被授予1906年的诺贝尔物理学奖。他活到1940年，见证了很多由电子学创造的、因他的发现而出现的奇迹。

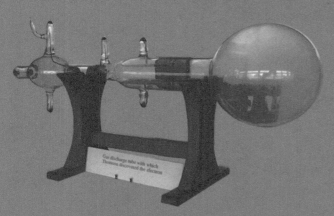

汤姆孙发现电子时使用的克鲁克斯式阴极射线管

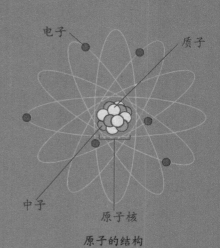

电子　　质子

中子　　原子核

原子的结构

爱因斯坦证明光电效应

1873 年，威洛比·史密斯注意到，当硒曝露在光线下时，它的导电性会发生变化。如果把硒串联进电路，那么当硒受到强度变化的光源照射时，电路中的电流就会发生相应的变化。

威洛比·史密斯

1887 年，赫兹在证明电磁波存在的实验中也发现了光电效应。他发现，当两个锌质小球之一受到紫外线照射时，两个小球之间非常容易出现电火花。此外，还有一些科学家也先后发现了光电效应。

光源
铂丝
硒条
标签
←0.6~2.5厘米→
玻璃管
硒条在光照下发光实验

大约 1900 年，德国科学家马克斯·普朗克曾尝试对光电效应做出最初解释，

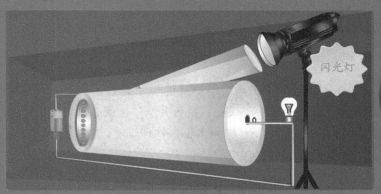

闪光灯

普朗克

在有光源照射的情况下，电场中更容易出现电火花

并提出了光能不是连续的，而是由分成一份一份的"量子"构成的理论。1902 年，德国科学家菲利普·勒纳也对光电效应进行了研究，指出光电效应是金属中的电子吸收了入射光的能量而从表面逸出的结果。但他们的研究成果都不能从理论上解释光电效应产生的根本原因。这个工作后来由伟大的爱因斯坦完成了。

勒纳

小爱因斯坦和妹妹玛雅

据说爱因斯坦小时候其实看起来有点笨，3 岁多还不会讲话，直到 9 岁时讲话还结巴。

爱因斯坦在读小学和中学时，成绩很一般。由于他不爱活动，不爱与人交往，老师和同学都不喜欢他。教希腊文和拉丁文的老师尤其讨厌他，认为他长大后不会有任何出息。由于怕他在课堂上影响其他学生，老师竟想把他赶出校门。

爱因斯坦曾是一个"问题少年"

爱因斯坦小时候虽然不活泼，但很早就喜欢上了科学。四五岁时，爱因斯坦有一次卧病在床，父亲送给他一个指南针。他发现指南针的指针总是指着固定的方向，感到非常惊奇，一连几天都高兴地玩着指南针，还缠着父亲和叔叔雅各布问了一连串的问题。

爱因斯坦的叔叔雅各布在电器工厂里是做技术工作的，喜爱数学。当小爱因斯坦来找他问问题时，他就给爱因斯坦讲科学、数学方面的知

少年时代的爱因斯坦

爱因斯坦的母亲宝琳·科克和父亲
赫尔曼·爱因斯坦

识。此外，当时受他家资助的犹太学生麦克斯经常到他家里来吃饭，和害羞的小爱因斯坦关系不错，他借了不少自然科普读物给爱因斯坦看。

1900 年爱因斯坦从苏黎世工业大学毕业后，曾经有一年半的时间找不到工作。

爱因斯坦在学校不喜欢跟着老师按部就班地学习，但他其实十分用功，就算是逃课，也是在看一些被老师们当成闲书的东西，而且看问题的思路和方法往往与众不同。爱因斯坦的同学马塞尔·格罗斯曼很了解爱因斯坦的才华，他设法通过自己的父亲把爱因斯坦介绍到伯尔尼专利局去当技术员。

青年爱因斯坦

爱因斯坦（右）和格罗斯曼（左），1889 年 5 月 28 日拍摄于苏黎世附近。格罗斯曼是一位瑞士数学家，他曾向爱因斯坦强调过黎曼几何的重要性。黎曼几何是爱因斯坦后来提出的广义相对论学说的理论基础之一

就是在伯尔尼专利局工作期间，爱因斯坦表现出了卓越的智慧，做出了很多科学史上的重要发现，其中就包括对光电效应的解释。

1905 年可以说是"爱因斯坦年"。这一年他才 26 岁，刚从大学毕业不久，却创造了一项科学史上史无前例的奇迹。这一年间，他利用在专利局每天 8 小时工作以外的业余时间，写了 6 篇论文，在 3 个领域做出了 4 个有划时代意义的创举，包括发表关于光量子说、分子大小测定法、布朗运动理论和狭义相对论等 4 篇极为重要的论文。

1905 年 3 月的一天，爱因斯坦走进德国《物理年报》编辑部，腼腆地把一篇题为《关于光的产生和转化的一个推测性观点》的论文交给编辑。

这篇论文扩展了普朗克提出的量子假说，提出了光量子学说。爱因斯坦认为，光的能量并非均匀分布，而是存在于离散的光量子（现在通常简称为光子）上，而光子的能量和其所组成的光的频率有关。当光束照射到金属时，金属里的电子就会吸收光子的能量，当能量大到一定程度时，电子就会从金属中逃逸出来，成为光电子。这就是所谓的光电效应。爱因斯坦用光量子概念解释了经典物理学无法解释的光电效应，推导出入射光子的能量与光的频率之间的关系。10 年后这一关系才由其他科学家用实验证实。

1921 年，爱因斯坦因理论物理学方面的贡献获得了诺贝尔物理学奖。光电效应有广泛的用途，与我们日常生活关系最密切的，要数为电视的发明打下了基础。

爱因斯坦骑自行车，1933 年拍摄于美国加州圣巴巴拉市

爱因斯坦手提一个有着他的形象的搞笑的牵线木偶，1931 年拍摄于爱因斯坦当时任教的美国加州理工学院

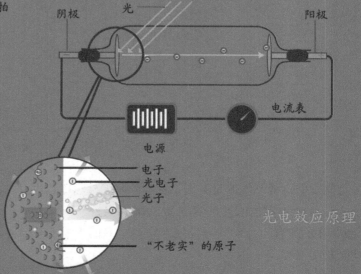

阴极　　　光　　　　　　　　　阳极

电流表

电源

电子
光电子
光子

"不老实"的原子

光电效应原理

机械式电视和电子式电视

随着光电效应的发现，以及电话的发明、无线电和电影技术的发展，很多科技人员开始着手研究利用光电效应传送图像的电视技术。

德国俄裔科学家保罗·尼普科夫在 1884 年发明了尼普科夫圆盘，这东西在早期用电视摄像机拍摄图像时特别有用。尼普科

英国发明家贝尔德的电视所使用的尼普科夫圆盘系统

夫圆盘是一种可以用于扫描图片的金属盘，上面沿螺旋线均匀分布着一系列小孔。在早期的电视系统中，当尼普科夫圆盘旋转时，硒光电管可以透过小孔依次接收图片上各点发出的光信号，并转化为电信号，从而实现电视系统中的摄像功能。

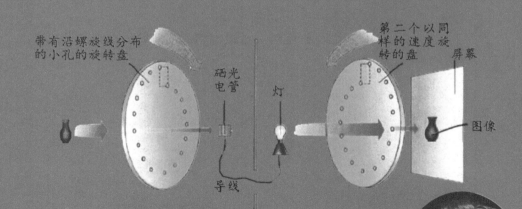

尼普科夫圆盘系统的工作原理

首先发明电视系统的是英国工程师约翰·贝尔德。贝尔德十分有魄力，他刚开始打定主意研究电视时，还是个不到 20 岁的青年，而当时世界上许多出名的大发明家都没能发明电视。

为了早日发明电视，只获得了少量投资的贝尔德放弃了好几个工作机会，生活日渐艰难，他没钱吃饭，没钱付房租。他只好忍痛把设备零件卖掉，甚至曾到商店门口靠演示自己的发明赚钱。危急时刻，在家乡的两个堂兄弟给贝尔德寄来了500英镑，他才不至于饿死。

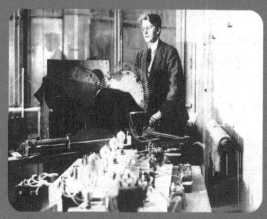

贝尔德正在做实验

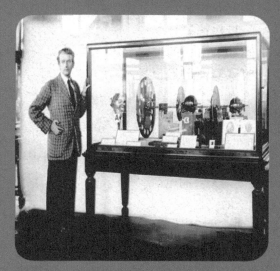

1925 年 3 月 25 日，贝尔德在伦敦塞尔福里奇百货商店展示他的机械式电视

因为没有钱买零件，他最初的所有研究设施都是凑合着用的。机器框架是盥洗盆做的，电动机是从废物堆里捡回来的，投影灯被装在旧饼干箱里，还有许多其他的零部件都是从报废设备上拆下来的。不过贝尔德是一个十分耐心又富有奇思妙想的人，就是这么一堆乱糟糟的东西，在他手中渐渐变得能"打硬仗"了。

然而实验并不顺利，屡次失败。有一次误操作，他甚至被 2000 伏的高压击昏了。

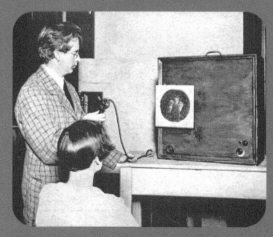

贝尔德展示历史上第一台电视机，拍摄于 20 世纪 20 年代

贝尔德在 1940 年的一次电视机展示会上

经过 18 年的努力，1924 年春天，贝尔德终于用自己的机器成功地发射了一朵十字花的图像，不过发射的距离只有 3 米，图像也只是一个轮廓。紧接着，到了 1925 年，他的机器变得可以发射和接收复杂图像了。第一个有幸上电视的家伙不是人，而是贝尔德的玩偶"Stooky Bill"。

电视上的玩偶"Stooky Bill"

消息传出去后，震惊了英国，愿意出钱合作的人随即踏破了门槛。1929

贝尔德和他的玩偶

年，英国广播公司（BBC）与贝尔德签订合同，采用他的发明试验性地播出电视节目。

电视节目传输的原理简单地说是这样的：电

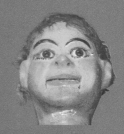

玩偶"Stooky Bill"

视信号的发送系统借助光电效应原理，将图像转化为无数的电信号，通过无线电发射出去，然后由家里的电视机上的接收系统接收，再还原成对应的光信号，从而在我们的眼前展现出栩栩如生的画面。

1936 年，BBC 在世界上首次实现了定时电视广播。但是，贝尔德式机械电视的局限性也显现出来了。尽管他做了很大努力，但传送的画面质量一直存在问题，图像清晰度不够，闪烁的画面使观众看久了头疼。1937 年，BBC 终止了和贝尔德的合作，这时候大家开始看好电子式电视。

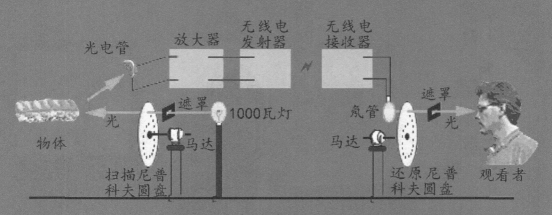

贝尔德的机械式电视系统

1926 年，日本工程师高柳健次郎制造了一台采用阴极射线管作为显示装置的电视，成功地在显像管荧屏上播放了片假名"イ"。他的系统类似于英国发明家贝尔德的系统，仍采用尼普科夫圆盘作为图像扫描装置，但有一个关键的不同点：采用阴极射线管作为显示装置。高柳的电视显示系统是全电子式的。凭着这个成就，高柳后来被称为"日本电视之父"。

高柳健次郎

日本广播协会放送博物馆展出的重建的高柳健次郎的电视装置

不过，高柳的电视发明人地位通常并不被承认。这是因为早在1923 年，美国俄裔工程师兹沃里金就已经在美国申请过电子式电视专利。在他的设计方案中，摄像管和显像管都采用阴极射线管。兹沃里金有时被称为"电视之父"，尽管人们对这个问题有一些争议。他出生在一个富裕的俄国商人家庭。早在读大学时，兹沃里金就开始帮着自己的老师——圣彼得堡理工学院的教授鲍里斯·罗辛研究电视。罗辛很早就在秘密地研究电视，并取得了一些进展，还在 1911 年进行了历史上第一次电视类装置的展示。他的电视系统采用尼普科夫圆盘作为图像扫描设备，采用布劳恩管作为显示装置。

罗辛

俄国十月革命后，兹沃里金经西伯利亚来到美国。这时，他重新搞起了电视研究。最开始，兹沃里金是在西屋电气公司搞研究。1923年，兹沃里金在美国申请了第一个电视专利，虽然当时他的系统还很不成熟。兹沃里金对于电视充满了热情，可是，西屋电气的高层并不太重视他的想法。这让兹沃里金十分苦恼。

1929年，兹沃里金在美国申请了一套纯电子式电视系统专利，彻底赶超了高柳健次郎的领先水平。在这种系统中，摄像系统也实现了电子化，采用了匈牙利发明家蒂汉尼的阴极射线管模式，被称为映像真空管（kinescope）；也就是说，电视的摄像和显示系统都用阴极射线管作为核心部件。映像真空管的完善改进版本在后来被称为光电显像管（iconoscope）。

兹沃里金

蒂汉尼

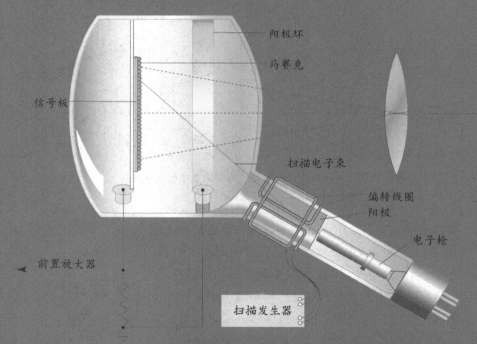

阳极环

马赛克

信号板

扫描电子束

偏转线圈
阳极

电子枪

前置放大器

扫描发生器

光电显像管，兹沃里金在1923年设计了这种装置，在1931年首次实现了成功的摄像实验不久以后，兹沃里金受聘进入美国无线电公司主管电视机研发。在电视发展的早期阶段，兹沃里金起到了非常重要的作用。今天广泛使用的电视摄像、显示系统等都是根据兹沃里金的发明改进而来的。

和贝尔德、兹沃里金、高柳健次郎竞争"电视之父"的人，还有一个是美国发明家法恩斯沃斯。1934年8月25日，法恩斯沃斯在费城富兰克林研究所进行了历史上首次纯电子式电视的展示。法恩斯沃斯的领先之处在于在1927年他就申请了用于摄像的阴极射线管专利，而兹沃里金直到1929年才拿得出可实际展示的同类装置。

美国无线电公司为了在自己的电视机系统中合法地使用阴极射线管式摄像装置，不得不付给法恩斯沃斯一大笔钱。

法恩斯沃斯是一个美国发明家，也是电视研发的先驱人物。他在1927年发明了第一种全功能的摄像管——图像分析器和第一种全功能纯电子式电视系统。小时候，法恩斯沃斯生活在一个农场里，那里有很多电器和机械，培养了他对于创造发明的兴趣。年纪很小时，他就修好过一个废弃的发电机，完成过妈妈的手动洗衣机的电动改造。

兹沃里金在展示电子式电视，拍摄于 1929 年

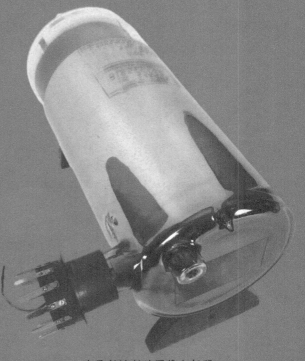

法恩斯沃斯的图像分析器

1931年采用机械式电视系统录制电视节目的场面

1939年，英国大约有2万个家庭拥有电视机，美国无线电公司的电视也在纽约世界博览会上首次露面，开始第一次固定电视节目的演播。

到20世纪50年代中期，看电视已经成为西方发达国家普通家庭的主要休闲娱乐活动。

1958年9月2日，我国开始播出黑白电视节目，并建立相应的电视工业。不过，电视在我国真正进入千家万户是在20世纪80年代以后。

20世纪50年代一个美国家庭观看电视的场面

20世纪20年代

贝尔德的摄像机把图像变成电流；法恩斯沃斯的发明创造了电子图像

20世纪30年代

电视机开始出现，相对过去来说，个头更小了，屏幕更大了

20世纪40年代

相对前10年变化不大，就是个头更小了点

20世纪50年代

彩色电视和遥控器出现

20世纪60年代

出现了电池供电的电视

20世纪70年代

半数家用电视已经是彩电

20世纪80年代

家用电视引入了环绕立体声

20世纪90年代

内置闭路电视出现

21世纪头10年

电视屏幕变得更大，色彩变得更丰富，所有品质都在提升

21世纪10年代之后

平板电视、三维立体电视、高清电视、数字电视、智能电视相继出现；科技含量更高

电视的历史

特斯拉"打败"爱迪生

直流电（Direct Current，DC）是指方向不随时间变化的电流。交流电（Alternating Current，AC）是指大小和方向随时间作周期性变化的电流。直流电的缺点是不方便用变压器转换成高压电进行长途电力输送。

爱迪生最开始给他的电灯用户建立的输电线路，使用的都是直流电。那时候，大家一般都用直流发电机发的直流电。爱迪生反对使用交流电的理由是交流电很危险。爱迪生发明的处决死刑犯的电椅，用的就是交流电。

特斯拉

用电器

电池

最简单的直流电电力系统

爱迪生的想法遭到手下的工程师特斯拉的反对。不过爱迪生那时候正好是事业最成功的时候，所以没把年轻人的意见当回事儿，反而有点疏远特斯拉。

尼亚加拉瀑布对面的特斯拉像

特斯拉于 1887 年成立了特斯拉电气公司，并于 1888 年加盟威斯汀豪斯电气公司（西屋电气公司）。1893 年，西屋电气公司利用特斯拉的交流电力传输系统点亮了芝加哥哥伦布纪念博览会上的十几万只灯泡。1895 年特斯拉为尼亚加拉瀑布水电站设计了交流发电机组，决定性地打败了爱迪生的直流发电系统。

今天，几乎所有电力系统使用的都是交流电。

世界上第一座水电站尼亚加拉瀑布水电站

相较直流电，交流电有很多优势。直流电只能用一种电压传输，而交流电的传输电压可以根据需要调高或调低。在远距离传输中，直流电的传输成本要比交流电高。电力供应商需要建很多的发电厂，而且必须是在尽可能接近用户的地方。交流发电厂却可以建在相对远离城区的地方。

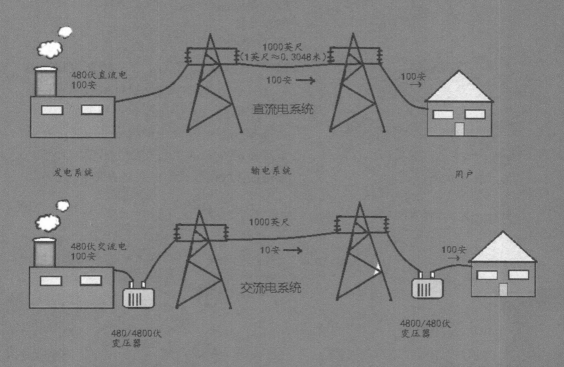

这个曾经打败过爱迪生的特斯拉生于塞尔维亚。现在的美国特斯拉公司就是以他的姓来命名的。特斯拉曾经两次进大学读书，但都没有拿到学位，是在实际工作中磨炼成一个电力技术专家的。他曾在爱迪生设在欧洲的分公司工作，在28岁时因技术能力突出被调到了美国。不过，他在爱迪生手下只待了6个月，离职原因不明。有人猜是因为特斯拉没拿到一些后来被取消的项目的奖金。

这位科学家一生未婚，很可能长期为自卑所苦恼。特斯拉自己曾说，年轻时曾认为自己永远也不会配得上一个女人。特斯拉不太喜欢社交，倾向于用工作把自己隔绝起来。令人惊讶的是，他和作家马克·吐温关系很好。

特斯拉在很多未知领域进行过探索，一生获得了大约300项专利，也获得了众多的荣誉和奖励。1915年，一度有传言说他将和爱迪生分享诺贝尔奖。据说，由于两个科学家互相恨得要死，都拒绝和对方分享大奖，评奖委员会最终只好放弃了计划。20世纪60年代，为了纪念特斯拉，人们将磁感应强度单位命名为"特斯拉"。

一款小型特斯拉线圈

有人认为，特斯拉最伟大的发明并不是交流电力传输系统，而是特斯拉线圈。特斯拉线圈是一种使用共振（谐振）原理运作的变压器，可以产生低电流、高频率的交流电。特斯拉用这种线圈进行过很多创新实验。

特斯拉曾试图在纽约长岛建造一座29米高的巨塔，以便用上面的特斯拉线圈进行无线电力传输。这个项目最后因多种原因无果而终，是特斯拉一生最大的失败。特斯拉线圈可以释放出绚丽的电弧，在全世界有着众多的"粉丝"。小型的特斯拉线圈在无线电技术中至今仍有应用。

在美国科罗拉多州斯普林实验室，特斯拉坐在放电的特斯拉线圈下

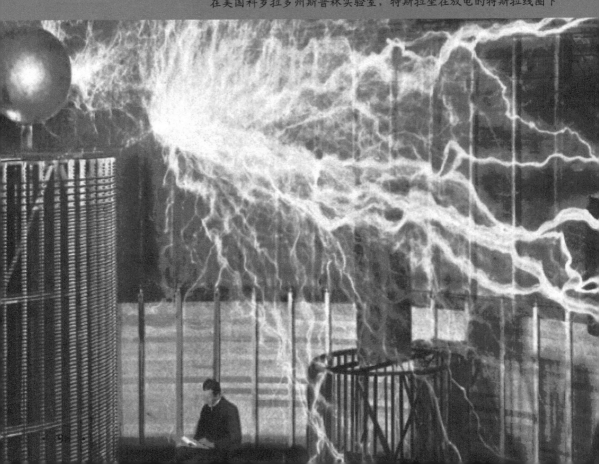

一个环形线圈上有放电针的特斯拉线圈正在放电

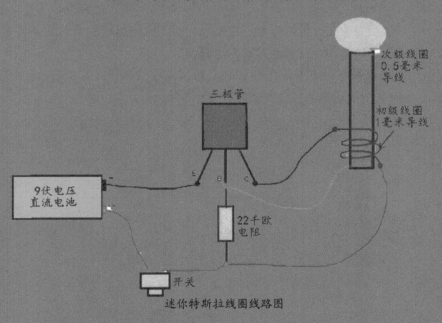

次级线圈
0.5毫米
导线

初级线圈
1毫米导线

三极管

9伏电压
直流电池

E B C

22千欧
电阻

开关

迷你特斯拉线圈线路图

麦克斯韦提出电磁波理论

当年法拉第发现电磁现象时，注意到某根导线中变化的电流可以将自己"发送到"邻近的其他导线中去，虽然两根导线并无直接的物理接触。

法拉第提出的问题一时难倒了所有科学家

法拉第当时无法解释这种现象，不过，就在他发现这一现象的1831年，一个叫詹姆斯·克拉克·麦克斯韦的英国人出生了，在未来麦克斯韦将替他解释这种现象。

麦克斯韦纪念章

麦克斯韦曾先后在爱丁堡大学和剑桥大学就读。毕业后，他起初想到母校爱丁堡大学去当老师。在笔试中，麦克斯韦的专业成绩理所当然是排第一，但是在试讲时，麦克斯韦因口才不好吃了亏。麦克斯韦也没有办法，经过一番波折，他最终去了英国皇家学会。

在英国皇家学会，他用数学方法证明了在一个电场强度发生变化的地方将产生磁场。他还用公式证明，无论电场还是磁场，都是以波的形式向外传播的，这种波被称为电磁波。

麦克斯韦的发现最终奇迹般地改变了整个通信领域的面貌。为了纪念麦克斯韦，人们将 CGS 电磁制中磁通量的单位命名为"麦克斯韦"。

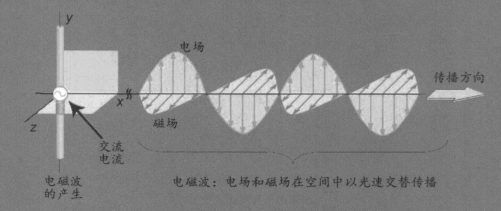
电磁波：电场和磁场在空间中以光速交替传播

赫兹发现电磁波

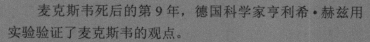

麦克斯韦死后的第9年，德国科学家亨利希·赫兹用实验验证了麦克斯韦的观点。

在当时的德国，支持电磁理论的科学家不多，其中一个是亥姆霍兹。赫兹是亥姆霍兹的学生。在老师的影响下，赫兹对电磁学进行了深入的研究。他确信麦克斯韦的理论比传统的理论更令人信服，决定用实验来证实这一点。

1888年，赫兹造出了一个装置。他把两个中间隔有细小间隙的金属小球两端接上高压交流电，使电荷交替地进入两个小球。每当两个小球的电势差达到最大时，就有电火花从间隙中出现。根据麦克斯韦方程组，这种情况下应该产生电磁波辐射。接着，赫兹把一截导线弯成中间有细小间隙的环形电磁波检测器。结果，当把这个检测器放到产生电火花的小球附近时，检测器的间隙里也出现了小小的电火花。这证明，能量确实能以电磁波的形式跨越空间！

赫兹做验证电磁波存在的实验

赫兹的实验结果公布后，轰动了整个科学界，由法拉第开创、麦克斯韦总结的电磁理论至此取得了决定性的胜利。

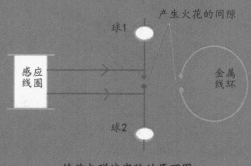

产生火花的间隙

球1

感应线圈

金属线环

球2

赫兹电磁波实验的原理图

教师贝尔发明电话

贝尔

有线电报诞生后，一些有创新精神的科学家又在思考如何改进莫尔斯的发明。年轻的亚历山大·格雷厄姆·贝尔就是他们中的一个。

贝尔的思路在当时看来很新奇：如果声音能够被转化成点、划符号，那么人类的声音就也可以用电缆传送到遥远的地方。贝尔之所以会这么考虑问题，与他的出身和经历有关。

少年贝尔和他的父母

他出生在英国爱丁堡，父母都是语言学教师，后来自己也当过语言学教师，所以对人类的声音十分敏感。贝尔有两个兄弟死于肺结核，当贝尔也出现肺结核症状时，他的父母就带着他去有利于肺结核病人恢复的疗养地养病。他们离开英国，前往加拿大，最后在加拿大的安大略省定居。

贝尔很快恢复了健康，长大后，还去波士顿的一所学校当了语言学教师。就是在波士顿的学校里，贝尔开始对电报产生了兴趣。他在两个房间里建立了实验室，利用业余时间和朋友沃森一起搞研究。

贝尔和沃森（右）一起研究电话

通过对电报机的观察研究，贝尔意识到，一块薄铁板被放在电磁铁附近，电磁铁的磁场就会因为薄铁板的振动强弱发生相应的强弱变化。这就是贝尔发明的传送声音的机器所依据的基本原理。

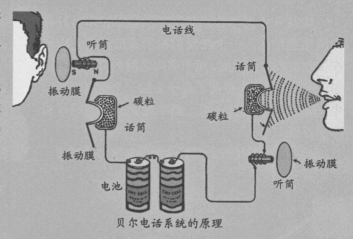

贝尔电话系统的原理

在贝尔的电话系统里，当人靠近话筒说话时，声波的振动引起话筒中振动膜的振动，振动膜再引起碳粒振动。碳粒因声波大小变化发生接触紧密程度的变化，话筒中的电阻因此发生相应变化，造成电路中电流的相应强弱变化。这个强弱变化的电流传到听筒那里，使听筒里电磁铁的磁场发生相应的强弱变化，引起振动膜发生相应的振动。人的声音就被还原出来了。

基于这种原理，贝尔和沃森进行了多年大量的实验，试图发明能够传送声音的机器，但最初的实验都失败了。

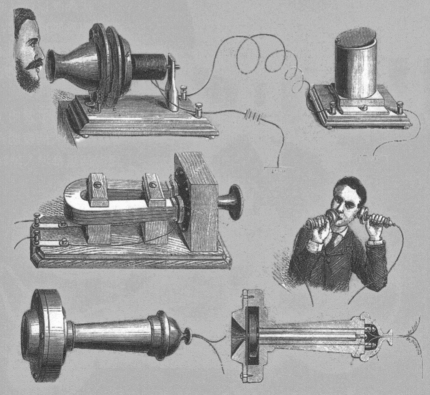

1887年英国《伦敦新闻画报》展示的贝尔电话系统的简图。通常，人们将第一种实用电话发明人的荣誉归于贝尔

1896 年 3 月 7 日，贝尔和沃森像往常一样在实验室里忙活，一个在发射机所在的房间，一个在接收机所在的房间。两个房间之间的门紧闭着。忽然，贝尔不小心碰倒了桌子上的一个伏打电池。电池里的硫酸流淌出来，洒在地板上，弄脏了贝尔的衣服。

"沃森，赶紧到这里来。"贝尔着急地喊道。

沃森，赶紧到这里来。

好的，贝尔！

不过两个房间中间的门紧闭着，沃森显然没法子听清贝尔的喊声。可是他竟然清楚、及时地听到了，贝尔的声音是从听筒里传出来的！

沃森既惊讶又高兴，推开门跑进隔壁房间，大喊："贝尔，机器好使了！我刚才从接收机里听到了你的声音！"

贝尔终于发明了电话，但这个伟大的发明在很长一段时间里都没人理睬。

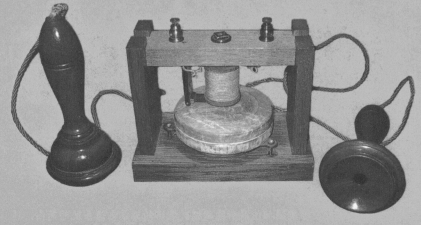

贝尔发明的电话

为庆祝美国独立纪念日，在费城举办了一场大规模的展览，贝尔也带着电话机参加了展览。可是那天展品非常多，又赶上是炎热的夏天，人们很容易感到疲倦。

贝尔感到很沮丧，看来想在这次展览上出名是没戏了。他估计评审员不可能一一看完所有展品，尤其是他的电话。正失望的时候，他忽然听到一个声音喊自己："贝尔！"贝尔扭头一看，正好看到当时的巴西皇帝面带微笑地朝自己走过来。

贝尔向巴西皇帝等人介绍自己的发明

多年以前，皇帝曾经参观过贝尔在波士顿任职的学校，两人因此相识。最近，他刚好来美国访问，并应邀参观这次展览。

贝尔给皇帝展示了自己的发明。皇帝兴高采烈玩电话的场面引起了评审员们的注意，他们很快也被贝尔的新玩意儿迷住了。大家依次试用过贝尔的新发明后，一致同意把展览会的一等奖颁给贝尔。

贝尔的妈妈和妻子都是聋人，他自己任职过的学校也是一个招收聋哑人的学校，他的学生之一就是著名的海伦·凯勒。他对于聋哑人的爱心，成为他研究电话的一个重要动力。除了电话，贝尔还在光通信、水翼船、航空学领域做出过一些重要的发明。贝尔生前和身后获得了无数荣誉和奖励。1936年，美国专利局宣称贝尔位居美国发明家排名榜的第一位。2002年，在英国广播公司（BBC）组织的"最伟大的一百个不列颠人"评选中，贝尔排名第57位。

加拿大布兰特福德市贝尔大厦门前的贝尔塑像

电子管的发明

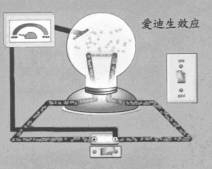

爱迪生效应

为了延长碳丝的寿命，爱迪生曾突发奇想在一个电灯泡里放了一根铜丝，这个方法被证明不起作用。但是，当灯丝和电池连接后，爱迪生注意到，铜丝上出现了微弱的电流，而铜丝和碳丝并不相连，这实在十分奇怪。

这种被命名为"爱迪生效应"的现象，后来引起了英国科学家约翰·弗莱明爵士的注意。

弗莱明是剑桥大学的第一位电气工程教授，受封过爵士，给麦克斯韦当过助手，在爱迪生设在伦敦的事务所里当顾问，又同马可尼进行过合作研究。

弗莱明发明的电子二极管

1889年，在帮马可尼改进无线电电报机的过程中，弗莱明设计了一种只允许电流单向流动的装置，利用了"爱迪生效应"。这个装置被称为"电子二极管"，有两个电极：一个电极是碳制的灯丝，另一个电极是围绕灯丝的金属箔。

玻璃罩

金属箔（阳极）

灯丝（阴极）

当电流被送往灯丝后，灯丝散热发光，负电子在受热的情况下游离出来。由于电池的正电极连接着金属箔，负电极连接着灯丝，负电子受到金属箔的吸引，就在电压的作用下，穿过金属箔和灯丝之间的空间，流向金属箔，在回路中形成电流。但反过来，金属箔一极连通电源负极时，灯丝上游离出来的负电荷却受到金属箔的排斥，无法形成电流。

电子二极管的结构

一些晚期电子管，形态通常更小，个别管的上方还有顶盖，用于连接更高的电压

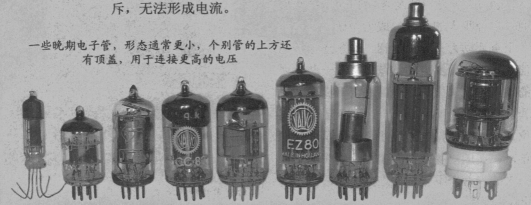

弗罗斯特

1907 年，美国科学家德福雷斯特在电子二极管的基础上，在金属箔和灯丝之间放了一片由金属线隔栅做成的第三电极，这样电子三极管诞生了。这一新发明的第三电极可以用于放大电路中的信号。

这种信号放大装置使得无线电接收器和无线电报的发明成为可能。至此，研究无线电的物理分支学科电子学也诞生了。

德福雷斯特是一位多产的发明家，一生获得了 300 余项专利。除了电子管之外，他的发明还包括在电影胶片边缘录制声音的技术、医学上使用的高频电热理疗机等。这些发明也为他赢得"无线电之父""电视始祖"和"电子管之父"的称号。

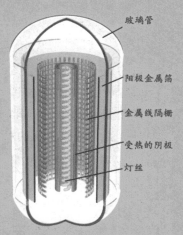

玻璃管

阳极金属箔

金属线隔栅

受热的阴极

灯丝

电子三极管的结构

德福雷斯特发明的真空电子三极管

德福雷斯特在调试发明的摄影器材

1912 年德福雷斯特主持建造了第一套可以用于全球范围通信的无线电报系统

第一个用半导体结测无线电波的人

贾格迪什·鲍斯生活在英国统治下的孟加拉地区，父亲是殖民地政府官员。在加尔各答读完大学后，他本来想像父亲一样做官。父亲却希望他成为一个学者，因为学者"不统治自己以外的任何人"。鲍斯按照父亲的意见来到英国学医。不过由于健康方面的原因，他后来不得不改去剑桥大学学自然科学。除了加尔各答大学的文学学士学位，在英国他还拿到了一个文学学士、一个理学学士、一个科学博士学位。回国后，他成为加尔各答大学的物理学教授。作为一个学霸，鲍斯在无线电、生物学、金属疲劳等很多领域都有研究成果，甚至还写了孟加拉国历史上第一部科幻小说。

鲍斯在英国皇家学会，拍摄于 1897 年

鲍斯

在无线电通信方面，鲍斯取得了很多领先于其时代的成就。1894 年（或 1895 年）11 月，在加尔各答市政厅的一次公开展示中，他在一定距离外用毫米微波点燃了火药，并鸣响了一个铃铛。当时的殖民地副总督亲自观看了他的展示实验。

鲍斯是世界上第一个使用半导体结检测无线电波的人。在 1895 年发表于伦敦的一篇论文中，鲍斯第一次介绍了自己发明的电磁波接收装置。不过，他很淡泊名利，从来没有为自己的发明申请过专利。在会见意大利发明家马可尼时，鲍斯曾表达过自己无意将发明商业化，希望有人利用自己的研究成果的想法。

加尔各答市鲍斯学会收藏的鲍斯的 60GHz 的微波发生装置，左面的部分为接收器，配有安装在角形天线内的方铅晶体检波器，以及可检测微波的电流计。

波波夫检测闪电

如果你问一个俄国人是谁发明了无线电。这个俄国人多半会说是亚历山大·波波夫。波波夫是俄国海军学校的一个老师。1894 年，他制造了一种可以接收闪电发出的无线电信号的装置。1895 年 5 月 7 日，波波夫发表了一篇介绍该发明的论文。为纪念这件事，现在的俄罗斯联邦把每年的 5 月 7 日定为无线电节。

波波夫

在 1896 年 3 月 24 日的展示中，他实现了在相距约 250 米的校园大楼间的无线电信号传输。到 1899 年，他已经可以在约 48 千米范围内接收无线电信号。1900 年，根据他的建议，俄国在波罗的海霍格兰岛上建立了一个无线电台。

负责这项使命的是俄国战列舰"阿普拉克辛"号。该舰在 1899 年 11 月在霍格兰岛海岸搁浅。由于天气恶劣，加上海岸附近的海面正在结冰，直到来年 1 月才完成建站。这时，"阿普拉克辛"号已经被冻在海岸上。这个无线电台发出的第一条信息是求救信。4 月底，救援的破冰船抵达时，不仅救出了"阿普拉克辛"号上的船员，还救出了 50 多名芬兰渔民。

1895 年 5 月 7 日，在俄国物理和化学学会成员面前，波波夫展示了自己的无线电闪电侦测器。这枚 1989 年苏联发行的邮票上，描绘的就是当时的场景

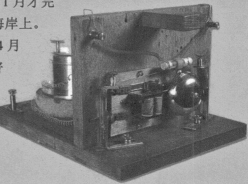

波波夫发明的无线电检波器，可能曾用于 1895 年 5 月 7 日的展示，现收藏于彼得堡波波夫中心通信博物馆

波波夫发明的一个可检测雷击的无线电接收装置，白色柱体是用于记录的图表记录器

波波夫的成就是建立在特斯拉在 1893 年公开的研究成果基础之上的，与马可尼的研发同时。很多人质疑马可尼是无线电的发明者，其实他只是此前很多无线电研究者成果的集大成者。

马可尼发展无线电报

马可尼出生于意大利的博洛尼亚。18岁的时候，他在一本杂志上看到几篇亨利希·赫兹的文章，其中提到电磁波能向空间发射信号的问题。这些文章触动了马可尼敏感的神经，使他产生了研究无线电通信的念头。

1894年，马可尼20岁时，离开就读的博洛尼亚大学。回家第一天，就请求父母把家里的阁楼让给他作实验室，并要了10里拉采购需要的实验设备和材料。阁楼本来是他父亲储存棉花用的，但马可尼的父母都很开明，满足了马可尼的要求。

马可尼的父亲约瑟佩

马可尼和母亲安妮在一起

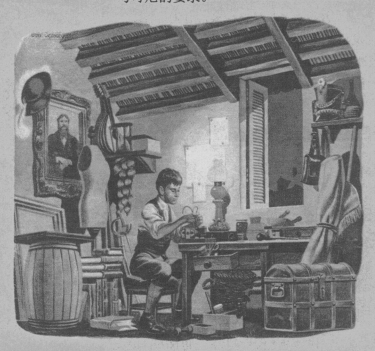

马可尼在阁楼研究无线电

1894 年 12 月某一天的午夜时分，家人都已进入梦乡，一直在阁楼做实验的马可尼忽然眉飞色舞地冲下楼梯，跑进妈妈的卧室。他的妈妈当时有点不舒服，但看到儿子那么高兴，还是勉强跟儿子上了阁楼。马可尼按下一个电钮，一瞬间，隔壁的电铃响了起来。这是人类发射的第一个无线传输距离超过 10 米的无线电信号！

1896 年，马可尼前往当时科技最发达的英国，为自己的发明申请了专利。但马可尼并不满足于能发射几十千米远的无线电。他认为无线电信号能够被发送到几百千米以

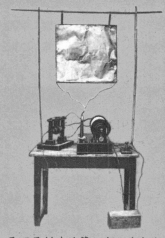

马可尼制造的第一个无线电发射机，采用的是单极天线

马可尼和他的无线电发射装置

外，甚至跨越大西洋。为了证实这一点，马可尼叫人先在英国的波特休建立发射器，然后亲自坐船去美洲，在加拿大纽芬兰的山上建立接收设备。

1901 年 12 月 12 日，马可尼将一只带着 150 米长的导线的风筝放飞到空中，作为天线的导线，其末端连着无线电接收器。

几分钟后，接收器发出了有规律的"嗒嗒"声，这代表的是用莫尔斯电码发送的英文字母"S"，它是马可尼的合作者安布罗斯·弗莱明教授从大西洋对岸发过来的。

弗莱明教授

1987 年 5 月 13 日在弗拉特岛展示过程中，英国邮政局的工程师正在检查马可尼的设备

很快，无线电报发射基站在世界各地的城市和乡村迅速地建立起来。各国海军、商船都先后装上了无线电报发射／接收装置。但当时很多人还不是特别重视无线电通信。

1912 年 4 月 14 日午夜，豪华游轮"泰坦尼克"号撞到了冰山。求救信号由船上的无线电发射装置迅速发射了出去。当时在 50 千米外就有一艘轮船"加利福尼亚"号，但可惜的是船上的无线电报收发员竟然不在接收器旁。

1902 年夏，在轮船上进行实验时，马可尼使用的磁铁检波器，现在意大利米兰的达·芬奇国家科学博物馆展出

"泰坦尼克"号沉没时，船上的 2224 名乘客有 1513 人被淹死，只有 711 名乘客被远道而来的英国皇家邮轮"卡帕西亚"号救起。如果"加利福尼亚"号能及时接收到求救信号，是有可能救起全部遇难者的。"泰坦尼克"号沉没后，人类愈发认识到无线电的巨大潜力。

马可尼申请的第一个无线电发射器专利

由于马可尼在无线电通信方面做出的贡献，他和另一个对无线电发展也做出过贡献的科学家德国人卡尔·布劳恩一起获得了 1909 年的诺贝尔物理学奖。布劳恩的贡献是把马可尼发明的无线电发射器完善到可以实用。

1901 年 12 月，在加拿大圣约翰斯进行实验时，马可尼看着助手升起用作天线悬浮装置的风筝

密立根用油滴实验测量电子电荷

密立根

汤姆孙发现电子并计算电子荷质比后，许多科学家都在努力测量电子的电荷。首次测得电子电荷精确数值的人是美国芝加哥大学的实验物理学家密立根。其测量方法是测算悬浮于电场中、所受重力和电场力处于大体相等状态的油滴所带的电荷。

在一个密封容器中，密立根设置了两块上下水平排列、中间保持一定距离的金属板，作为电场的两极。经小孔将油滴喷入金属板中间，部分油滴因与油壶口摩擦或受光照而带电荷。这时开始为电场供电，通过调节高压电源，使部分带电油滴在电场力的作用下上升，并使选中的实验油滴悬浮在空中不动。由于电场力、空气阻力、重力、浮力等因素已知，这时就可以通过计算来获知油滴所带的电荷量。经过

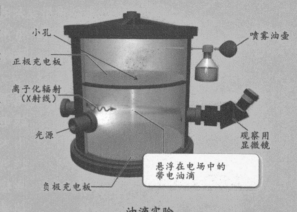

油滴实验

反复实验，密立根发现所统计油滴的总电荷值都是某个数值的倍数，因此确定这个数值即单一电子的电荷，约为 1.6×10^{-19} 库。

密立根的测算和现在已知的电子电量有一定偏差，但在当时的技术条件下，已经是了不起的成就。密立根的另外一项重要成就是通过类似油滴实验的方法证明了爱因斯坦的光电效应理论，并测量了普朗克常量。凭借这两项成就，他获得了 1923 年的诺贝尔物理学奖。

密立根和爱因斯坦 1932 年在加州理工学院合影

收音机的发明

使用电子管的早期无线电广播发射机

无线电报发明后，人们立刻就想到了要用无线电发送声音。从无线电报到收音机，没有下面这三种发明可不行。

第一种发明是调幅波。1900年，美国科学家费森登设计了一种对无线电波进行"调制"的装置。通过改变无线电波的振幅，使无线电波能携带复杂的声音信号。这种能携带声音信号的无线电波被称为调幅波。

费森登

第二种发明是电子管。早期的无线电非常简单，放出来的声音很小。这就需要用到能选择接收电信号并对电信号进行放大的电子管。

阿姆斯特朗

第三种发明是超外差式接收器。早期的无线电要调台是非常费力气的，操作人员必须有一定的专业知识才行。第一次

第一台便携式收音机，由阿姆斯特朗制作

世界大战期间，美国工程师阿姆斯特朗发明了一种能把无论强弱的信号都调成一定频率的东西——超外差装置。该装置最开始是用来探测飞机的，但战后却被安装到了收音机上。有了这种装置后，调台，也就是调接收频率，被简化成了转动一个小小的旋钮。

1921年，设在美国匹兹堡的一个电台开始播放正规的无线电节目。

1942年的某一天，约翰·弗林（左）和弗吉尼亚·摩尔正在为广播节目《你不能和希特勒做生意》做彩排

昂内斯发现超导性

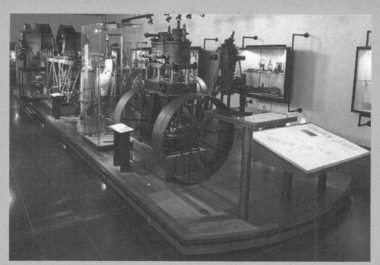

昂内斯

19世纪末，科学家们已经知道可以用低温高压的方法液化绝大多数已知气体。不过，很难被液化的氦气是一个例外。这一难题最终是由荷兰物理学家昂内斯攻克的。昂内斯是莱顿大学的物理学教授，长期致力于研究低温物理学。他创立了一个非常大的低温物理实验室，并邀请其他科学家参与实验室的研究。他的团队先后液化了氧气、氢气，并在1908年首次液化了氦气，创造了零下268.95摄氏度（4.2开）的人造低温新纪录。后来，他又利用液氦取得了1.5开的更低温。在当时，那已经是地球上最低的温度。昂内斯因此被称为"绝对零度先生"。

1911年，昂内斯开始在非常低的温度下进行纯金属的导电性能研究。1911年8月，昂尼斯利用液氦将一些汞的温度冷却到4.2开，发现汞的电阻突然消失了。这就是后来人们所说的超导性现象。

昂内斯用于液化氦气的设备，现收藏于荷兰莱顿市布尔哈弗博物馆

超导现象指物质在低于某一温度时，电阻变为零的现象。后来，昂内斯又发现锡、铅也具有超导性。

超导材料可用于生成强磁场，在核磁共振成像等领域有重要的应用。1913年，凭借对低温状态下物质性质的研究，以及液化氦气的成就，昂内斯荣获诺贝尔物理学奖。

奥地利物理学家埃伦费斯特、荷兰物理学家洛伦兹、丹麦物理学家玻尔和昂内斯（从左到右）在莱顿低温物理实验室

录音机的故事

1857 年，法国发明家莱昂·斯科特申请了语音描记器专利。这种装置的核心部件包括一个振动膜和一支铁笔，可以在纸上记录声音的波形。所做的"录音"只能看，可用于声音信息的分析，而且并无重复播放功能。

莱昂·斯科特

1877 年，爱迪生又取得了一项发明——留声机——的专利。最早的留声机或唱机的声音载体是一个包裹一层锡箔的圆筒，圆筒旋转时，声波振动带动敏感的触笔，在锡箔上留下变化的沟槽。后来，贝尔手下的伏打实验室的工程师们又对爱迪生的发明进行了多项改进，把锡筒改成蜡质圆筒、涂蜡圆筒。

美国史密森学会收藏的一台语音描记器

锡桶式留声机（约 1878 年）

蜡筒式留声机（约 1899 年）

1887 年，德裔美国发明家贝利纳研制出一种使用横纹扁平圆盘唱片的留声机。这种留声机的唱片比爱迪生模式的唱片更结实、轻便，还可制成母版进行反复复制，使得唱片商业化量产成为可能。

贝利纳

这种唱片早期使用过各种材料，后来先后发展为使用虫胶、聚乙烯，到 20 世纪 80 年代虽然已经不限于黑色，但通常仍被叫作"黑胶唱片"。

20 世纪 30 年代，使用电子管放大声音的留声机也发明了出来。第二次世界大战

一台使用黑胶唱片的手摇式留声机

后，又出现了密纹唱片、激光唱片，以及高保真唱机和立体声唱机。

一张 1897 年的贝利纳式黑胶唱片

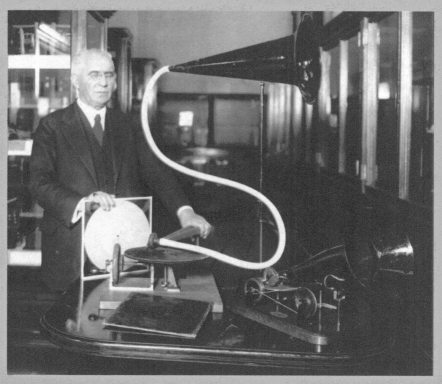

贝利纳和他发明的第一台留声机

像电视系统一样，录音装备的发展也经历了从机械式到电子式的发展。19 世纪末，科学家们已经掌握了把声音转化成电流的方法。能不能把电流转化成磁力信号存储在钢丝上，用这种方法来记录声音呢？ 1888 年，美国工程师奥柏林·史密斯提出了这一构想。基于这种构想，他自己也尝试制造了一种装置，可惜没有成功。

奥柏林·史密斯

受奥柏林·史密斯的启发，丹麦工程师波尔森在 1898 年发明了钢丝录音机。钢丝受磁场影响会产生磁性。磁场消失后，钢丝上的磁性仍不会完全消失，这种保留下来的磁性叫作剩磁。波尔森利用这种原理发明了钢丝录音机。

波尔森

在钢丝录音机中，与话筒相连的电磁铁的磁场强度，会随着声音的强弱变化而变化，在钢丝上留下有着相应变化的剩磁，从而把声音信号变成磁性信号。

波尔森 1898 年发明的钢丝录音机，现收藏于丹麦布雷德工业博物馆

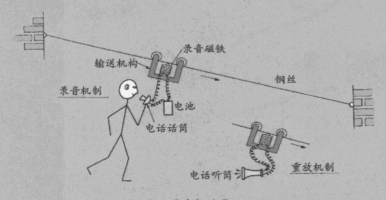

钢丝录音机的原理

1928 年，德国工程师普夫洛默发明了磁带录音机。他的发明是建立在奥柏林和波尔森的研究基础之上的。普夫洛默采用一种上面有三氧化二铁粉末涂层的长条纸带作为信息载体。后来，这种磁带又发展为上面有磁性材料涂层的很薄的长条塑料窄带。

普夫洛默和他的磁带录音机，拍摄于 1931 年

德国通用电气公司 1935 年制造的盘式磁带录音机

这种录音机经众多德国科学家改进，到第二次世界大战期间技术已经十分成熟。由于成本仍然相对较高，而且使用起来不太方便，当时仅限于广播电台和录音工作室的专业人士使用。

第二次世界大战后，磁带录音机技术传到了其他国家。在美国，美国安培公司利用从德国获得的设备开始生产商业化的磁带录音机。一开始是用作电台的录音设备，但很快就开始进入学校和家庭。截至 1953 年，美国已经有 100 万家庭用上了磁带录音机。

安培公司生产的 300 型盘式磁带录音机

磁带录音机有多种类型和样式，最主要的有两种：盘式磁带录音机和盒式磁带录音机。最开始，人们都是把磁带卷在一个卷轴上使用，这就是盘式磁带录音机的由来。

卢·奥腾斯

盒式磁带是荷兰飞利浦公司的卢·奥腾斯团队在 1963 年研发出来的。本来是想给一种听写机器配套用的，没想到后来被广泛用到了便携式和家用录音机上，甚至曾被

索尼公司的 TC-630 型盘式磁带录音机，曾是众多高保真音响爱好者的最爱

用在早期计算机上存储数据。

从 20 世纪 70 年代初期到 2005 年左右，盒式磁带和唱片一直是预先录制音乐的两种最流行的载体形式。

飞利浦公司生产的第一种盒式磁带录音机
EL 3302 型

日本 TDK 株式会社生产的 SA90 II 型盒式磁带

美国 Riptunes 公司生产的一款带有收音机功能的立体声盒式磁带录放机

防写板　供带盘　润滑垫片　收片盘

导轮　磁屏　压垫　绞孔

盒式磁带的内部结构

1979 年，世界上第一台便携式磁带录音机在日本索尼公司诞生，这种被叫作"随身听"的小东西在世界范围内流行了很多年。

第一台"随身听"的制造者
工程师木原信敏

索尼公司推出的"WALKMAN"系列产品

磁带录音机的终结者是数字移动媒体播放器，俗称 MP3、MP4。这类产品从 20 世纪 80 年代开始发展，跟传统磁带录音机的区别是用 CD/VCD、闪存、微硬盘或硬盘存储数据。有史以来最成功的数字移动媒体播放器之一是苹果公司开发的 iPod。

被称为"iPod
之父"的工程
师法戴尔

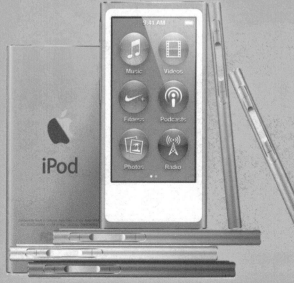

电影的发明

电影的发明跟照相术密切相关，但没有电，照相术就不可能发展成电影。1824年，英国医生罗格特最先注意到"视觉暂留"现象。他发现，眼睛里形成的影像会保留一段时间，这时间长达若干分之一秒。用中国传统工艺制作的走马灯里面会出现活动人物，就是利用了"视觉暂留"现象。

走马灯是一种灯笼，灯笼罩上有连续出现的剪纸投影，通常为骑马人物，故得名

照相术发明后，对这种现象进行研究的试验者发现，如果大约每隔1/16秒，迅速地展示出一系列人物连续动作的照片，就会看到人物在连续运动的幻象。

1891年，爱迪生申请了"西洋镜"电影的专利。这种电影只能让一个人通过小孔观看。他用长条形的摄影胶片拍摄下一连串的照片，当照片持续经过放映机镜头时，放映机用强光把胶片上的影像投射

观看"西洋镜"电影

到荧光屏上，荧光屏上就出现了连续动作的画面。

法国的卢米埃尔兄弟改进了爱迪生的设计，将活动影像放大，投放到大荧光屏上，让很多人一起观看。1895年，他们公开放映了电影《工厂的大门》。电影从此变得"火爆"。

卢米埃尔兄弟

卢米埃尔兄弟发明的电影放映机

早期的无声电影甚至有乐队伴奏

不过早期的电影都是没有声音的，有的电影现场还要乐队伴奏。1927 年，出现了第一部有声电影《爵士歌王》。

声音效果的产生利用了光电效应。音乐和演员的话音通过话筒转化为变化的电流，电流使一盏灯发出强弱变化的光。在拍摄电影画面时，也拍摄下这盏灯随声音不断变化的情形，记录在电影胶片的一边上，称为"声迹"。放映画面时，放映机里的光电装置把声迹的明暗变化转化为变化的电流，再用电流转化为声音。

最初的是黑白有声电影，后来又出现了彩色电影、宽银幕电影、立体电影等。

立体电影是将两幅画面投射到同一个银幕上，观众戴上特殊的眼镜，左右眼分别看到不同视角拍摄的画面，这样就产生了立体效果。

历史上第一张电影海报，描绘了观众拥挤进入电影院的场面，作者为画家亨利·布里斯托尔，是卢米埃尔兄弟为宣传 1895 年 12 月 28 日在巴黎大咖啡馆举行的历史上第一次电影公映而发布的

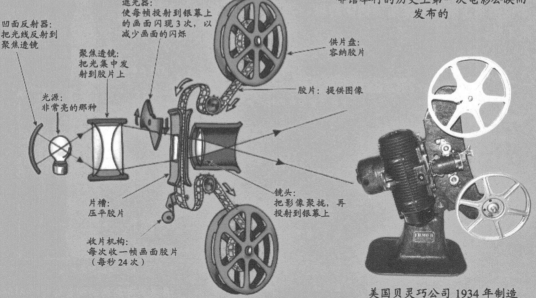

凹面反射器：
把光线反射到聚焦透镜

聚焦透镜：
把光集中发射到胶片上

光源：
非常亮的那种

遮光器：
使每帧投射到银幕上的画面闪现 3 次，以减少画面的闪烁

供片盘：
容纳胶片

胶片：提供图像

片槽：
压平胶片

收片机构：
每次收一帧画面胶片
（每秒 24 次）

镜头：
把影像聚拢，再投射到银幕上

现代电影放映机的构造

美国贝灵巧公司 1934 年制造
8 毫米电影放映机

声呐：水下的电子顺风耳

费森登

声呐是一种利用声波在水中的传播和反射特性，通过电声转换和信息处理对水下目标进行探测和导航的电子设备。

在自然界中，海豚、蝙蝠等动物一直在使用回声作为同类交流和侦测信息的工具。

蝙蝠、海豚利用回声定位猎物的方向和位置

在人类社会中，1490年，达·芬奇曾用插入水中的管子来侦听船只的情况。

1912年，超级豪华邮轮"泰坦尼克"号发生海难。这一事件激起了研发水下回声定位系统的热潮。第一次世界大战开始后，为对付神出鬼没的德国潜艇，英、法、美等国投入更大的科研力量研究水下回声定位系统。

1914年，美国科学家费森登发明了被称为水下听音器的被动式声呐。声呐分为两种：主动式声呐和被动式声呐。被动式自己不发声，只能被动地侦听水下物体发出的声音。像潜艇这类不想因发声而被发现的船只，一般都用被动式。主动式可以自己发射出声波，通过侦听回声来确定情况。第一次世界大战初期，英国海军已经开始使用水下听音器来侦测德国潜艇，可惜限于性能，效果不佳。

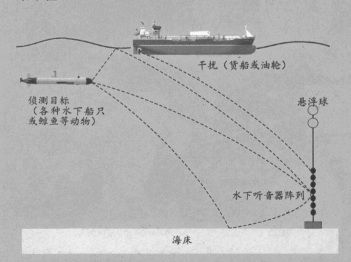

干扰（货船或油轮）

侦测目标
（各种水下船只
或鲸鱼等动物）

悬浮球

水下听音器阵列

海床

在开阔水域使用水下听音器面临多种干扰因素

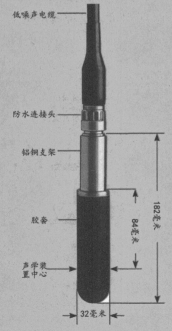

低噪声电缆

防水连接头

铝铜支架

胶套

声学装置中心

182毫米

84毫米

32毫米

丹麦声学与振动测量公司的8106型水下听音器

1915 年，法国物理学家郎之万发明了第一台主动式声呐。他的研发工作是在俄裔工程师康斯坦丁·切洛斯基的协助下完成的。这种装置利用了皮埃尔和雅克·居里兄弟在 1880 年发现的压电效应（某些导电物质在受到外部压力时内部会产生电压）。

1897 年在剑桥大学师从汤姆孙爵士的郎之万

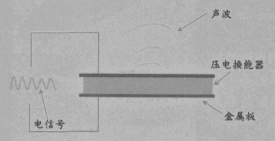

声波

压电换能器

金属板

电信号

压电效应在声呐中的应用原理

主动式声呐发明之后，经各国专家的改进，性能不断提高。这种装置不仅可以用于侦测潜艇，还可以用于安全导航、鱼群定位和海图测绘等。

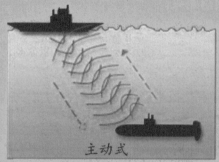

主动式

被动式

声呐的运行方式

直到第二次世界大战期间，主动式声呐才具有实战能力。当时，英国人出于保密的目的，把这种东西叫"ASDIC"。这是英文"Anti-Submarine Detection and Investigation Committee"（反潜艇侦测和调查委员会）的首字母缩写。

美国人的叫法是"SONAR"，是英文"Sound Navigation And Ranging"（声音导航测距仪）的首字母缩写，由改进了声呐性能的美国科学家弗雷德里克·亨特根据雷达的英文名（RADAR）对应缩写而来。

弗雷德里克·亨特

英国声呐"ASDIC"（约 1944 年）的显示装置

雷达：空中的电子千里眼

雷达是一种用电磁波确定物体所在位置、方位和速度的系统。中文"雷达"一词是英文"RADAR"的音译。"RADAR"的意思是"无线电探测和定位"，出自1940年美国海军对于"radio detection and ranging"的首字母缩写。

历史上第一个使用电磁波探测远距离金属物体的人，是德国物理学家许斯迈耶。1904年，他发明了一种叫作"电动镜"的装置，可以在浓雾中探测出船只，并测算出目标和探测器之间的距离。

许斯迈耶

位于克里米亚半岛叶夫帕托里亚市的叶夫帕托里亚行星雷达，拥有70米直径的抛物面天线，曾在2001年8、9月向6个类太阳恒星系发送俄国青少年制作的文字、图像和音视频信息

许斯迈耶发明的"电动镜"

最终赢得"雷达之父"称号的人，是英国物理学家沃森-瓦特。1916年，沃森-瓦特进入英国气象局。一开始，他研究的是如何用无线电为飞行员提供闪电预警。在20世纪20年代，他领导的团队已经掌握了很多无线电探测和追踪技术，但还没有想到将研究成果用于军事。

沃森-瓦特

第一次世界大战期间，德国人曾使用齐柏林飞艇对英国进行远程轰炸，把英国人搞得叫苦连天。1934年，和德国人再次开打的形势已经很明显，英国就成立了一个防空调查委员会，专门研究怎么对付飞行器的轰炸。当时民间有一个谣言，说是德国有一种"死光"武器，可以装在飞机上，用来消灭任何在地面上使用无线电的人或者发出无线电信号的城镇。1935年1月，军方就这个谣言征求了沃特-瓦特的意见。

阿诺德·威尔金斯

沃森-瓦特让手下的同事阿诺德·威尔金斯写了一个报告，说明那种武器是不可能存在的。威尔金斯在报告中还提出一个想法：既然飞行器可以干扰无线电通信，可以用无线电波来侦测飞行器。沃森-瓦特确认了威尔金斯构想的可行性，在1935年1月28日把这个构想报告给了英国防空调查委员会。

此后就是一番紧锣密鼓的研发、测试和成果展示。1935年4月2日，沃森-瓦特获得了雷达发明的专利。当时英国人把雷达叫作"RDF"（Radio Direction Finding），意思是"无线电测向仪"。作为雷达的发明人，沃森-瓦特在1942年受封为爵士。

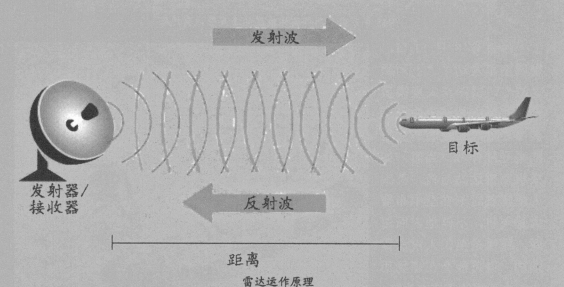

发射波

目标

发射器/
接收器

反射波

距离

雷达运作原理

实际上，在第二次世界大战前和第二次世界大战期间，有很多国家都在研究雷达技术，只不过是英国最先实现了技术突破，并且在军事上实现了大规模的成功运用。雷达后来发展成一种发射脉冲信号的系统。第一套这种系统的原型设计是由美国海军研究实验室的物理学家罗伯特·佩奇在1934年12月搞出来的。德国的雷达科研团队和沃森-瓦特团队相继采用了佩奇的设计。

罗伯特·佩奇

第二次世界大战爆发前夕，英国人已经在英格兰东南部海岸建立起一系列的雷达站。这些雷达站对于英国人打赢"不列颠之战"起到了重要作用。

1945年苏赛克斯郡波林地区的海岸警戒雷达塔

1940年8月13日，德国空军发动了"不列颠之战"，试图在大规模轰炸英国本土的过程中诱歼英国空军，以便随后实施陆军登陆作战。当时，如果没有雷达站系统，英国人就需要时刻在空中布署大量飞机，不停地来回巡逻，而那是英国人没法做到的，很可能会在那场历史上大规模的空战中战败。

1945年5月的某一天，鲍德西海岸警戒雷达站的信号接收室内，英国空军妇女辅助队的操作员丹尼丝·米雷正在一台阴极射线管显示器前标示飞机的动向

后来，雷达又发展出舰载和机载等类型。例如，英国皇家空军"探路者"中队的战机所配备的"双簧管"式导航系统，就是一种机载雷达，可以在不借助飞行员目视的情况下，指挥轰炸机进行定点轰炸。

沃森-瓦特团队制造的第一台可以有效运作的雷达

英国人在1940年把雷达技术教给了美国人。"珍珠港事件"爆发后，沃森-瓦特被派往美国，指导美国的防空建设。美国人把英国人运过来的雷达称作"运到我国海岸上的最贵重的货物"。此后，佩奇又对英式雷达进行了进一步改进。

第二次世界大战期间一艘美国航母上的众多雷达和其他无线电系统天线

在"中途岛战役"中，美国舰艇就因为配有雷达而大占优势。当时，日军来轰炸美国舰艇的飞机还没到，美国海军就已经知道了，有充足的时间做防空准备。而日本舰艇防空只能靠船员的眼睛看。

第二次世界大战后雷达技术继续发展，到现在已经发展为军用雷达、民用航空雷达、气象雷达、地图测绘雷达、天文雷达等多个类型。

晶体管的发明

肖克利

第二次世界大战后，美国贝尔电话实验室的一批科学家开始研究电子管的替代品，主要原因是电子管反应慢、容易坏，而且占地方。这批科学家中比较突出的要数"怪才"威廉·肖克利博士，后来他被称为"晶体管之父"。他于第二次世界大战期间参军，负责技术工作，曾帮助美国海军打了不少胜仗。

他的科研小组还有两位干将：沃尔特·布拉顿博士和约翰·巴丁。布拉顿跟我国挺有缘，他生于厦门。巴丁是第一个两次获得诺贝尔物理学奖的人。

肖克利很有领导才能，接到项目不久，就提出了利用半导体制造晶体管的思路。半导体是导体、绝缘体外的"另类"，在纯净的状态下绝缘，混合了其他物质后就会变成导体。例如，锗在纯净状态是一种绝缘体，但是当混合了一定比例的砷和镓后，就会变成导体。肖克利他们要研究的就是利用半导体的这种时断时通的特性控制电流。

巴丁

布拉顿

肖克利

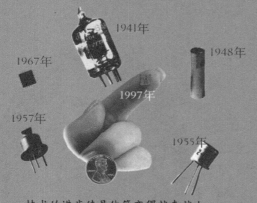

技术的进步使晶体管变得越来越小

1947 年 12 月 23 日，因为怕人泄密，肖克利小组在节假日只为贝尔电话实验室的高层演示了他们的成果。1956 年，肖克利等 3 位科学家因发明晶体管获得了诺贝尔物理学奖。

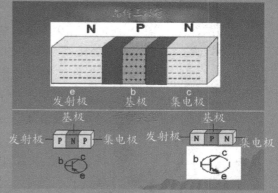

晶体三极管的结构

晶体管分为晶体二极管、晶体三极管等很多类型，利用了硅、锗等半导体材料的特性，可完成放大、稳压、检波、开关等多种对电流进行处理的功能。

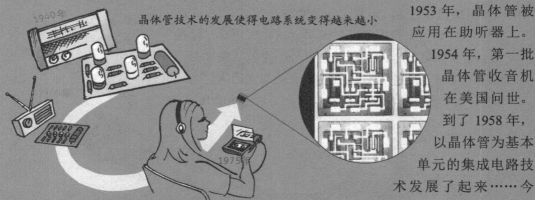

晶体管技术的发展使得电路系统变得越来越小

1953 年，晶体管被应用在助听器上。

1954 年，第一批晶体管收音机在美国问世。到了 1958 年，以晶体管为基本单元的集成电路技术发展了起来……今天，晶体管所成就的半导体芯片产业已经形成了每年上千亿美元的规模。

晶体管的问世，以及在晶体管技术基础上产生的集成电路、半导体芯片，让半导体与微电子工业成为新兴行业，电子计算机等高科技产品从此体积越来越小，运行速度越来越快，价格越来越便宜，实实在在地把人类带进了信息时代。

20世纪50年代硅晶体管	20世纪60年代TTL逻辑电路4门	20世纪70年代8位微处理器	20世纪80年代32位微处理器	20世纪90年代32位微处理器	21世纪头10年64位微处理器	21世纪10年代3072核图形处理器
1个晶体管	16个晶体管	4500个晶体管	275000个晶体管	3100000个晶体管	592000000个晶体管	8000000000个晶体管

晶体管的小型化造成集成电路技术的兴起

基尔比发明集成电路

晶体管的发明为电子设备的小型化提供了可能，解决这个问题的是美国工程师杰克·基尔比。

1958 年，基尔比进入美国得克萨斯州仪器公司工作。他生性温和，不怎么爱说话，加上两米的身高，被朋友们称作"温和的巨人"。在别人去消暑度假时，他却独自在车间里搞研究。他渐渐形成了一个天才的想法：在同一块、同一种材料的板子上集成电阻、电容、晶体管等电子元器件，然后把不同的电路模块相互连接，形成完整的电路。

1958 年，基尔比造出了世界上第一块集成电路！这是一块完全建立在锗条上的电路板。另外一个独立发明以硅为基础的集成电路的人，是英特尔公司的创始人之一罗伯特·诺伊斯，他申请自己的专利比基尔比晚了几个月。

IBM 公司 1998 年生产的 Cyrix 的 6x86 中央处理器

Cirrus Logic 公司出品的 CS1615/16 型单级 LED 控制器

安全监控系统
电子游戏机
无线路由器
网关
安全
游戏
手机
自动导航系统
数据存储
移动硬盘
局域网
网络
人人开发机
导航
家用电器
娱乐
音响设备
影像处理设备
笔记本计算机

自集成电路发明以来，微电子技术成为几乎所有现代技术的基础，人类以前所发明的几乎所有电子设备几乎都遭遇了一轮革命，体积变得更小，功能变得更加强大。

2000 年，集成电路问世 42 年以后，基尔比终于被授予诺贝尔物理学奖。

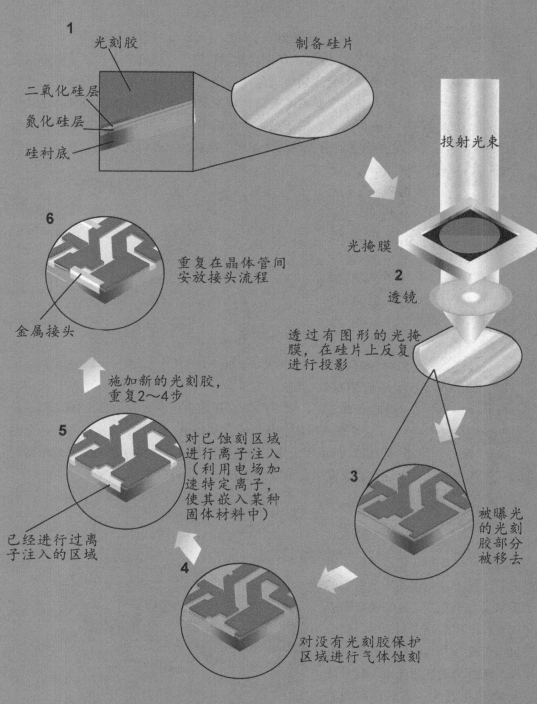

1

光刻胶

制备硅片

二氧化硅层

氮化硅层

硅衬底

投射光束

光掩膜

2

透镜

透过有图形的光掩膜，在硅片上反复进行投影

6

重复在晶体管间安放接头流程

金属接头

施加新的光刻胶，重复2～4步

5

对已蚀刻区域进行离子注入（利用电场加速特定离子，使其嵌入某种固体材料中）

已经进行过离子注入的区域

3

被曝光的光刻胶部分被移去

4

对没有光刻胶保护区域进行气体蚀刻

集成电路的制造过程

梅曼发明激光

激光，是通过刺激原子导致电子跃迁释放辐射能量而产生的增强光子束。20 世纪早期，爱因斯坦在一篇论文中描述了电磁辐射中的原子受激辐射现象，为激光的发明奠定了理论基础。1958 年，贝尔实验室的美国物理学家汤斯和他的博士学生，也是妹夫的肖洛首先提出产生激光的原理。他们认为，物质在受到与它的分子固有振荡频率相同的能量激发时，会产生一种不发散的强光，也就是激光。因这一成就，汤斯和肖洛分别获得 1964 年和 1981 年的诺贝尔物理学奖。

汤斯

肖洛

梅曼

梅曼在 1960 年制作的历史上第一台激光发生器

肖洛和汤斯公开他们的研究成果之后，很多科学家开始研制激光发生器。1960 年 5 月 16 日，在美国加州休斯研究实验室，物理学家梅曼领先各个科研团队，制造出历史上第一台可有效运作的红宝石激光发生器。这台激光发生器可以产生波长为 0.6943 微米的激光。

梅曼在一块掺有铬原子的人造红宝石上镀上反光镜面，又在它的上面钻了一个孔。当这块红宝石受到闪光灯发出的强光刺激时，就会发射出红光，并且沿钻孔逸出，汇聚成一条纤细的红色光束。这种红宝石激光在射向一点时，可使目标点达到比太阳表面温度还高的温度。

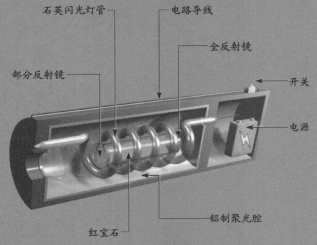

石英闪光灯管 — 电路导线 — 全反射镜 — 开关 — 电源 — 部分反射镜 — 红宝石 — 铝制聚光腔

红宝石激光发射器的剖面图

磁带式录像机的兴衰

随着磁带录音设备不断发展，很多人意识到类似的电磁设备应该也可以录制电视机播放的影像。1956 年初，美国安培公司的查尔斯·金斯伯格科研团队最先实现了技术上的突破。他们研制的录像机使用了一种旋转式录像磁头，能在常规磁带转速下，取得较高的磁头与磁带相对速度，录制和播放大带宽的视频信号。VRX-1000 型磁带式录像机是世界上第一种取得了商业成功的录像机。它采用 5.1 厘米宽的磁带，售价高达每台 5 万美元，通常只有电视台和特别有钱的人才能买得起。

查尔斯·金斯伯格（前排右一）和他的录像机项目团队（1956 年），最前方的是 VR 1000 式 IV 型录像机，足有一台钢琴大小

后来，其他公司又进一步对安培公司的设计进行了改进，尤

Telcan 式录像机

其是索尼公司。这导致了螺旋式扫描磁头和把磁带盘密封在容易操控的带盒中的设计。几乎所有现代磁带式录像系统都采用螺旋式扫描磁头和盒带模式。第一种家用磁带式录像机是 1963 年英国诺丁汉姆电子管公司推出的 Telcan 式录像机。这种录像机现在仍然比较昂贵，使用起来需要一定的专业技术水平。

磁带式录像机可以录制电视节目，也可以播放预制的录像带，曾经是一种十分常见的家用电器。20 世纪 80 年代传入中国后，看录像一度成为一种时髦的活动。不过，随着数码视频和计算机视频处理手段的出现，从 21 世纪开始，各种光盘录像机、数码录像机逐渐取代了录像机。

日本东芝公司的磁带式录像机、德国根德公司的摄像机和录像带

加博尔发明全息摄影

全息摄影是一种记录和再现物体的立体图像的电磁照相术。作为一种电磁波，光是一种三维存在。普通照相方法只能记录物体发射光线的强度（振幅）情况，不能记录物体发射光线的空间存在（相位）情况，拍摄到的是二维的平面图像。全息摄影可以把物体反射或透射的全部光线信息记录下来，并重建这种光线存在状态，使观察者产生看到了实际的三维物体的感觉。

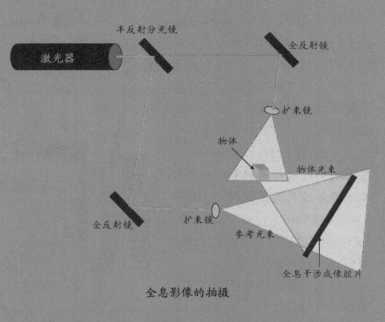

全息影像的拍摄

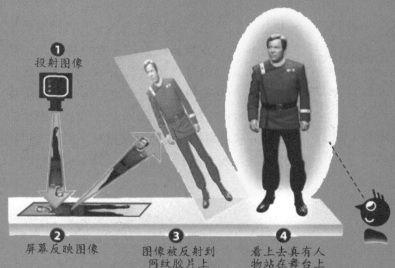

① 投射图像

② 屏幕反映图像

③ 图像被反射到网纹胶片上

④ 看上去真有人物站在舞台上

全息影像的放映

1947年，英国汤姆孙－休斯敦公司的匈牙利裔物理学家加博尔，在研究如何增强电子显微镜性能时，无意中发明了全息摄影。凭借这一成就，加博尔获得了1971年诺贝尔物理学奖。不过，全息摄影

直到1960年激光发明后才获得实质性的发展。这是因为激光是一种高亮度、高相干性的优质光线。相干性可以理解为相似性。在产生三维影像时，从不同角度叠加过来的光线的相似度越高，产生的影像才可能越清晰。

数码相机原来可是高科技

数码相机是一种利用图像传感器把光学影像转换成数码形式存储起来的照相机。现在常见的卡片相机或"傻瓜"相机、单反相机、微单相机等，都属于数码相机。

传统的照相机是一种光学相机，通过让光线引起胶片上的化学变化来成像。20 世纪下半叶，美国国家航空航天局在研究"登月"期间，发现光学相机拍出来的照片在传回地面后非常不清楚。这样就有了研发电子式摄影、录像装置的需求。早期的类似数码相机的装置是装在人造卫星上，用来对地面、太空进行扫描、录像的。一般配有一种叫作电荷耦合器件（Charge Coupled Device，CCD）的半导体器件，可以利用光电效应，把光信号转换成电子信号。第一种电子图像卫星是美国的 KH-11 型侦察卫星。这种卫星可以拍摄 64 万像素的影像。

KH-11 型侦察卫星

1975 年，美国柯达公司的工程师史蒂文·萨松开发出了世界上第一台手持式数码相机。这台数码相机以磁带作为存储器，拥有 1 万像素，只能拍摄黑白照片，拍一张照片需要 23 秒。萨松发明了这种手持式数码相机后，柯达公司害怕

萨松和他发明的世界上第一台手持式数码相机

数码相机会威胁到该公司当时还在赚大钱的胶卷生产，曾一度要求萨松停止进一步的研究。

截至 2009 年，全球共售出数码相机（包括带数码相机功能的手机）超过 9 亿台，而传统相机在市场上几乎已经绝迹。目前，越来越多的电子设备，诸如手机、个人计算机、笔记本计算机、平板计算机等，都整合了数码相机功能。

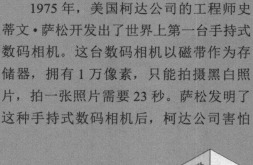

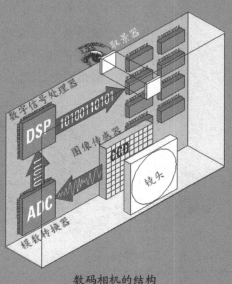

数码相机的结构

从算盘到计算机

20世纪，人类发明的跟电有关的最伟大的东西之一是电子计算机。从发明算盘到造出计算机，人类走过的路可不算短。

算盘被认为是最古老的计算机之一。苏美尔算盘最早出现在大约公元前2500年，已有相当惊人的运算能力。1946年，在日本举行的一个算术比赛中，由现代人仿造的苏美尔式算盘竟然将电子计算器都打败了。

中世纪欧洲人使用算盘的场面

古巴比伦人用算盘算账

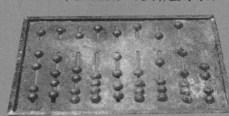

古罗马的算盘

古代埃及人、中国人、希腊人、罗马人等也发明过算盘类的计算工具，其中以我国的算盘技术发展最成熟。

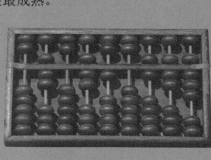

我国古代的算盘

古代乌克兰的算盘

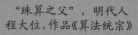

"珠算之父"，明代人程大位，作品《算法统宗》

帕斯卡

从中世纪到近代，有很多厉害的研究者制造过计算工具，如 17 世纪法国数学家帕斯卡对

帕斯卡计算器

奥特雷德计算尺进行了改进。这种计算尺能进行 8 位数的计算，销量不错，一度特别流行。

19 世纪英国数学教授巴贝奇制造了多种计算机器，那些机器设计原理非常超前，他设计了利用卡片输入程序和数据，类似于百年后的电子计算机，这个设计被后人所采用。

巴贝奇

巴贝奇的计算机器

乔治·布尔

此外，1847 年，英国数学家乔治·布尔提出了布尔代数，差不多提前一个世纪为使用二进制的现代计算机的发明铺平了道路。

何勒内斯

后来，美国人何勒内斯借鉴了巴贝奇的发明，采用穿孔卡片存储数据，设计出了一种计算机，并且利用这种机器大大地发了一笔财。原来当时的美国因为外来移民特别多，就经常进行人口普查，

何勒内斯发明的配有分拣台的制表机，这种计算机曾被用于 1890 年美国人口普查

1880 年进行的人口普查采用的是人工统计方法，竟然算了 7 年才知道结果，两届总统的任期都快过去了，所以国家领导人当然十分不满。1890 年

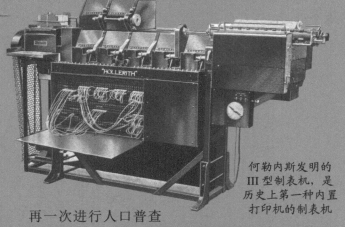

何勒内斯发明的 III 型制表机，是历史上第一种内置打印机的制表机

再一次进行人口普查时，相关部门就希望能利用计算机缩短计算的时间。

结果采用何勒内斯发明的机器后，6 周就算出了当时的美国人口总数为 62622250 人。1896 年，何勒内斯用赚到的钱创立了一家公司，这就是日后鼎鼎大名的国际商业机器公司（International Business Machines Corporation，IBM）的前身。

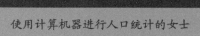

使用计算机器进行人口统计的女士

冯·诺依曼在 ENIAC 机房

1906 年德福雷斯特发明了电子三极管后，这使数字电子计算机的制造成为可能。在这之前的计算机都是基于机械运行方式的。

世界上第一台真正意义上的计算机是谁发明的？

童年时代的冯·诺依曼

马拉松比赛中的图灵

这在 1973 年前一直是一笔糊涂账。大多数图书沿袭旧的说法，认为美国匈牙利裔科学家冯·诺依曼是电子计算机的发明人，称冯·诺依曼为"电子计算机之父"。理由是冯·诺依曼是 1946 年制造出来的第一台具有很高实用价值的电子计算机 ENIAC 的负责人。

但是，冯·诺依曼本人却不认为自己是"电子计算机之父"，倒手就把这顶大帽子转戴在英国科学家阿兰·图灵头上。可图灵的贡献主要在计算机理论方面，他没造出过真正的计算机。

在 1973 年以前，还有一种说法，认为电子计算机发明人是美国宾夕法尼亚大学的莫奇利和埃科特。因为是他们在冯·诺依曼的领导下，实际制造出了 ENIAC。

莫奇利　埃科特　巴尼斯少将

不过早在 1937 年，美国艾奥瓦州立大学的阿塔纳索夫教授就已经在研究生克利福德·贝里的帮助下，制造出了一台和 ENIAC 的设计思路相同的电子计算机，它被称为阿塔纳索夫-贝里计算机。

贝里和他的妻子埃塔

为此，阿塔纳索夫、莫奇利和埃科特打了一场旷日持久的官司，法院也开庭审理 135 次之多，直到 1973 年美国一家法院才宣判阿塔纳索夫打赢了官司。现在，国际计算机界一般公认第一台电子计算机是阿塔纳索夫发明的。

阿塔纳索夫-贝里计算机

ENIAC 虽然不是第一台电子计算机，但却是第一台产生重大影响的电子计算机。这个大家伙一共用了 3 年才造好，总共使用

ENIAC 的机房

手持 ENIAC 部件的女技术人员

了超过 17000 只电子管、约 7200 只二极管、70000 多只电阻器、10000 多只电容器和约 6000 只继电器，电路的焊接点多达 50 万个，机器被安装在一排约 2.75 米高的金属柜里，占地面积为 170 平方米左右，重达约 30 吨，其运算速度达到每秒可做 5000 次加法，可以在 3/1000 秒的时间内做完两个 10 位数乘法。它在当时绝对是运算速度最快的计算机。

后来，计算机朝两个方向发展：一个是供科学研究用的大型计算机，继续朝"巨无霸"的方向演进；另一个是供普通家庭、公司、企业用的小型计算机，越变越小。电子管时代的计算机体积大、能耗高、故障多、价格贵，一般人根本用不起，也不会用。随着晶体管、集成电路和微处理器（其实也是一种集成电路）的发明，计算机进入寻常百姓家的技术障碍已被层层扫除。

在计算机不断进化的历史中，美籍华裔科学家王安也是一个我们应该记住的名字。

王安生于江苏昆山，1945 年赴美留学，是哈佛大学毕业的物理学博士。1956 年，他将磁芯存储器的专利权卖给 IBM，获利 40 万美元。

王安

王安公司生产的计算机

王安博士创办的王安电脑公司在鼎盛时期所生产的各种计算机、文字处理机是当时世界上最先进的设备之一，公司年收入曾经达到过 30 亿美元，王安个人也名列全美十大富豪之一。

王安电脑公司生产的文字处理机

罗伯茨

1975 年，美国 MITS 公司的创始人罗伯茨推出了第一种安装微处理器的小型计算机"牛郎星"计算机。这种计算机体积小，价格便宜，在爱好科学的普通青年中大受欢迎。

当年，还在读大学的比尔·盖茨在成功为"牛郎星"计算机配上了 BASIC 语言程序之后从哈佛大学退学，与好友保罗·艾伦创办了微软公司，

童年比尔·盖茨

保罗·艾伦

比尔·盖茨

并以"让每个家庭的每台桌面计算机都运行微软程序"为奋斗目标。

微软公司现在是全世界最大的计算机软件供应商之一，盖茨本人也成了富翁。

乔布斯

比尔·盖茨

1976 年 4 月，沃兹涅克和乔布斯共同创立了苹果公司，并推出了他们的第一款个人计算机：Apple I 型。

乔布斯

沃兹涅克

乔布斯怀抱苹果公司 1998 年推出的 iMac G3 一体式个人计算机

Apple I 型是一款真正的个人计算机，已经具备了显示器。接着，乔布斯他们又推出了好几款更先进的产品，相继为个人计算机引入了鼠标、图形界面等方便使用和娱乐的东西。

Apple I 型个人计算机（下）和 1987 年苹果公司推出的 Macintosh II 型个人计算机（上）

1981 年 8 月 12 日，在美国纽约华尔道夫酒店，发生了计算机发展史上天翻地覆的大事件——IBM 公司推出了 5150 型个人计算机

很快，主要生产商业大型计算机的 IBM 公司也开始推出了自己的个人计算机产品。20 世纪 80 年代，电子计算机开始真正走入了寻常百姓家，成为信息时代普通人办公、学习、通信和休闲的好伙伴。

库珀发明手机

1973年4月3日，位于纽约曼哈顿的摩托罗拉实验室里爆发出一阵热烈的欢呼声和掌声，这是手机研究团队的工作人员正在庆祝世界上第一部手机的诞生。团队的领导者马丁·库珀举着一部今天看起来会觉得太笨重的大手机，激动地告诉大家，用手机打出的第一个电话，他想打给一位神秘人士。

历史上第一次从手机打出的电话，库珀打给了一位神秘人士

在同事的簇拥下，库珀来到了大街上。在众人的注视下，库珀按下了一串电话号码。电话很快被接通，库珀兴奋地用几乎颤抖的声音说："我正在用一部真正的移动电话和你通话，一部真正的手提电话！"

接电话的人是贝尔实验室的一名科学家，研究的方向也是移动电话。多年以前，大学毕业后，作为无线电爱好者的库珀，决定去这位自己崇拜的业界偶像的公司面试。但那人十分粗暴地拒绝了库珀，伤了年轻人的心，不过这也激发了库珀要走一条跟前辈不同的道路的斗志。

库珀博士手持 DynaTAC 型移动电话（2017年）

1954年库珀加入摩托罗拉公司后，所负责的研发项目是车载移动电话。但库珀竭力说服了摩托罗拉的同事，开发了一款可以让人随身携带的个人通信工具。据库珀说，他的灵感来自科幻电视剧《星际迷航》中柯克船长使用无线电话的场面。

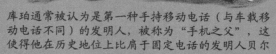

美国军方在第二次世界大战期间所使用的"Walkie Talkie"无线电对讲机十分笨重，应该算最早的手机。其实早在1947年，曾是固定电话诞生地的贝尔实验室就开始琢磨发明手机，可惜错失了库珀这员大将，被摩托罗拉抢了去。

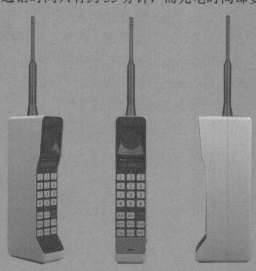

使用"Walkie Talkie"的美军士兵

库珀通常被认为是第一种手持移动电话（与车载移动电话不同）的发明人，被称为"手机之父"，这使得他在历史地位上比肩于固定电话的发明人贝尔

库珀发明的世界上第一款手机 DynaTAC 8000X，和今天的手机相比，显得又笨重又误事：重约 1.1 千克，内部电路板数量达 30 个；通话时间只有约 35 分钟，而充电时间却要约

"Walkie Talkie"型军用电话

10 小时；仅有拨打和接听电话两种功能。可在当时，这部手机却标志着无线通信时代的来临。

DynaTAC 8000X 型移动电话

1987 年，手机开始进入我国市场，进入我国的第一款手机是摩托罗拉 3200，人称"大哥大"，虽然长得不咋样，但个头很大，简直可以用于防身。

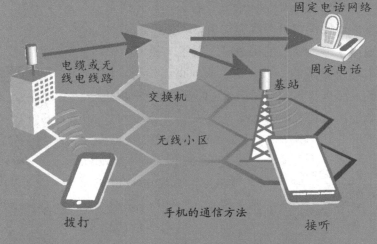

手机的通信方法

拨打

接听

从"大哥大"到智能电话

2007 年，乔布斯领导苹果公司推出了 iPhone 手机，这种以触屏操作的手机，使用更方便，速度更快，而且有独立的操作系统，可以装很多有趣的应用程序，实际上是一种能打电话的微型计算机，它几乎立刻颠覆了传统的按键手机。

2007 年 1 月 9 日，在美国加州旧金山举办的"苹果世界"展示会上，时任苹果公司首席执行官乔布斯介绍了该公司推出的新一代智能移动电话 iPhone

"光纤通信之父"高锟

利用光的折射可以将光引导到人们需要的地方。这一原理在 19 世纪时已经被一些科学家所注意。相对于电信号通信，光信号在线路中的损耗更小，因此光信号通信系统需要的中转站更少。20 世纪 60 年代，英国标准电信实验室的科研人员开始研究如何使用光导纤维进行通信。他们最初的研究方向为薄膜波导，并没取得重要的理论和技术突破。

高锟（左）和何克汉荣获有光学界、营养学界诺贝尔奖之称的英国兰克奖

1964 年底，华裔科学家高锟继任为光导纤维通信研究团队主任。高锟领导团队调整了研究方向，在注重理论研究的同时，也强调对材料特性的研究。1966 年，高锟和同事何克汉一起首次提出：既有光纤维材料造成的光信号衰减，是由材料的纯度不高造成的，而不是由诸如散射之类的物理效应引起的。他们在历史上第一个指出可用作通信用光纤的合适材料是高纯度的石英玻璃。他们还指出，如能将玻璃纤维造成的光信号衰减降到每千米 20 分贝，就可以成功地进行光纤通信。凭借这些发现，高锟获得了 2009 年诺贝尔物理学奖。

高锟祖籍中国浙江省金山县（今上海市金山区），家族是真正的书香门第。他的爷爷是晚清诗人，父亲、堂叔父和弟弟都是学有所专的高级知识分子。高锟少年时就熟读中国传统经典，而且对自然科学极感兴趣，喜欢做化学实验，自制过电子管收音机。20 世纪中期，他随家人辗转各地，最后在英国求学，并取得电子工程学领域的博士学位。获得诺贝尔奖后，高锟还相继获得了多项国际大奖和荣誉，包括被英女王封为爵士。

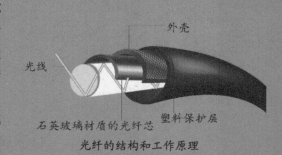

光纤的结构和工作原理

互联网简史

　　互联网是指 20 世纪末兴起的由计算机网络相互连接而成的通信网络。互联网由全球范围内的私人、学术界、企业和政府的网络等构成，通过电子通信、无线电通信和光纤网络等多种技术手段连接在一起，承载着各种各样范围广泛的信息资源和服务。互联网始于美国国防部高级科研项目署（DARPA）1968 年创立的阿帕网（ARPANET），最开始只连接了 4 台计算机主机。

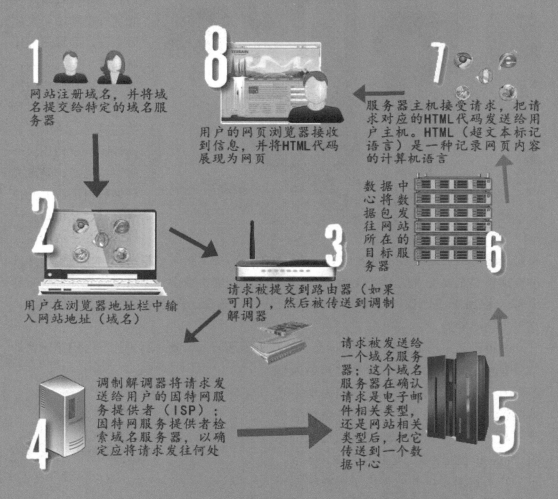

1 网站注册域名，并将域名提交给特定的域名服务器

8 用户的网页浏览器接收到信息，并将HTML代码展现为网页

7 服务器主机接受请求，把请求对应的HTML代码发送给用户主机。HTML（超文本标记语言）是一种记录网页内容的计算机语言

2 用户在浏览器地址栏中输入网站地址（域名）

3 请求被提交到路由器（如果可用），然后被传送到调制解调器

6 数据中心将数据包往所目标服务器发网站所在的服务器

4 调制解调器将请求发送给用户的因特网服务提供者（ISP）；因特网服务提供者检索域名服务器，以确定应将请求发往何处

5 请求被发送给一个域名服务器；这个域名服务器在确认请求是电子邮件相关类型，还是网站相关类型后，把它传送到一个数据中心

互联网的工作方式

结束语

电的威力无穷大，但电有时也会对人造成伤害。可说到底，是让电造福人类还是伤害人类，取决于我们如何利用电。在这方面，对于小朋友来说，最重要的事情是要注意用电安全。

为了自己和其他人的安全，我们可以找个机会，让爸爸、妈妈、老师或者其他长辈告诉自己，家里、所住的小区、学校里的哪些东西是带电的，应该如何使用这些东西。

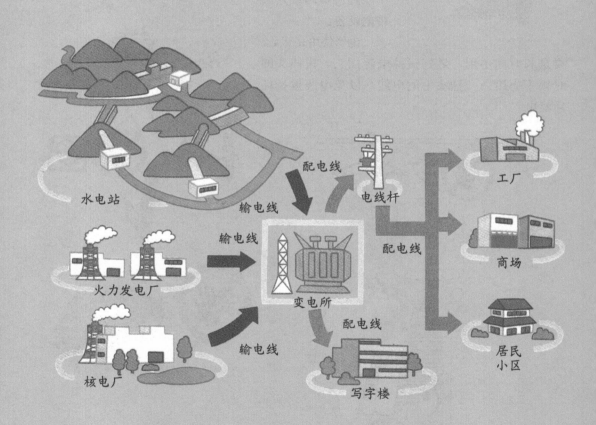

安全第一

电流强到一定程度，通过人体会造成人的死亡，所以千万不能乱碰电闸、电源开关、电源插座和插头、灯等有电的东西，徒手摸不行，也不能用导电的金属做的东西（如铁丝、铁钉、别针等）触碰。当然啦，触碰都不行，更不能随便拆卸或安装带电设备。

电器使用完毕后，要是长时间不用，最好拔掉电源插头。拔插头的时候不要用力拽插头上的电线，以免电线被拉坏后漏电。

使用家用电器时，注意不要让手带水，也不要把水弄到电器上，尤其是不能让水进到电器内部，否则可能会造成电器损坏、失火，或者让自己触电。

发现金属芯裸露的电线，不要用手去捡，应远远躲开，并告诉成年人去处理。

使用电器时发现电器有冒烟、冒火花、发出焦煳味等情况，要赶紧关掉电源开关，停止使用。

当电器引起失火时，注意在断掉电源前不能用导电的水灭火，只能用灭火器或者沙土等。

发现有人触电，不要自己用手去拉，应呼喊成年人帮忙。要是身边没有成年人，应先设法关掉电闸。在不能确定触电的人是否带电的情况下，可以利用木头、橡胶、塑料等不导电的绝缘物体，把触电的人和可能带电的电器分开。

塑胶手套

微波炉、电磁灶等在运行时会发出电磁辐射，所以尽量不要在这些电器附近长时间停留。其中电磁灶面板在做饭菜时会产生高温，记得一定不能乱摸。

电风扇、洗衣机、电吹风这类电器运行时里面会有风扇或转子飞快地旋转，尤其是电吹风还会产生高温，所以记得不要在它们运行时把手伸到里面。

计算机、游戏机、手机等有显示屏的电器，也会发出一定的电磁辐射，要是在使用时距离太近，或者时间太长，或者身体姿势不对（如躺在床上），或者在非常暗的房间里使用，会对身体尤其是视力造成伤害。使用这类电器，要限制在每天的一定时间段内，

时间也不能太长，以免耽误学习、锻炼和休息。

好啦，就说到这儿吧。好好体会一下前面咱们说的事情，也许会对你有用。